二十四节气

——创立与传承

陈广忠 著

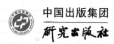

中国出版集团

研究出版社

图书在版编目 (CIP) 数据

二十四节气：创立与传承 / 陈广忠著 . –– 北京：
研究出版社, 2020.11
ISBN 978–7–5199–0885–0

Ⅰ . ①二… Ⅱ . ①陈… Ⅲ . ①二十四节气 – 基本知识
Ⅳ . ① P462

中国版本图书馆 CIP 数据核字 (2020) 第 196066 号

出 品 人：赵卜慧
责任编辑：陈侠仁

二十四节气：创立与传承
ERSHISI JIEQI: CHUANGLI YU CHUANCHENG

陈广忠　著

研究出版社　出版发行
（100011　北京市朝阳区安华里 504 号 A 座）

北京云浩印刷有限责任公司　新华书店经销

2020 年 11 月第 1 版　2022 年 3 月北京第 2 次印刷
开本: 880 毫米 × 1230 毫米　1/32　印张: 8.75
字数: 135 千字

ISBN 978 – 7 – 5199 – 0885 – 0　定价：48.00 元

邮购地址 100011　北京市朝阳区安华里 504 号 A 座
电话（010）64217619　64217612（发行中心）

《淮南子》与二十四节气的创立

陈广忠

2016年11月30日，联合国教科文组织把中国申报的"二十四节气"列入"人类非物质文化遗产代表作名录"。二十四节气是中国古代人民的一项伟大发明创造。二十四节气的完整、科学记载，出自西汉淮南王刘安（前179—前122年）及门客编撰的《淮南子·天文训》。二十四节气的产生地为古城寿县，它的地理和气候条件是淮河—秦岭一线的中国南北气候自然分界线。

一、二十四节气的前期研究

二十四节气的研制，经过了漫长的岁月。

早在《尚书·虞书·尧典》中就记载："日中，星鸟，以殷仲春。日永，星火，以正仲夏。宵中，星虚，以殷仲秋。日短，星昴，以正仲冬。"唐代学者孔颖达在《尚书注疏》中，认为：日中，为春分之日。日永，为夏至之日。宵中，秋分。日短，冬至之日。西汉学者戴德编写的《大戴礼记·夏小正》中说，"正月"有"启蛰"的名称。春秋末期左丘明撰写的《国语·楚语上》有："处暑之既至。"三国吴国学者韦昭注："处暑在七月。"《春秋左传·昭公十七年》中记载："玄鸟氏，司分者也；伯赵氏，司至者也；青鸟氏，司启者也；丹鸟氏，司闭者也。"玄鸟，就是燕子。伯赵，就是伯劳。青鸟，就是鸧（cāng）安。丹鸟，就是锦鸡。四种鸟儿，代表四季。《管子》中有"清明"、"大暑"、"小暑"、"始寒"、"大寒"、"冬至"、"春至"（春分）、"秋至"（秋分）等名称。秦代吕不韦及门客所著的《吕氏春秋》中，出现了立春、日夜分（春分）、立夏、日长至（夏至）、立秋、日夜分（秋分）、立冬、日短至（冬至）等8个节气。

先秦时期，诸侯混战、天下动乱、科研条件以及认识水平有限，二十四节气的理论体系并未得到确立，出现的名称和顺序，也没有统一，应该属于前期研究阶段。

二、二十四节气的科学依据

汉朝的建立，结束了长期的战乱局面，天下安定，经济恢复，文化繁荣，学术发展，百家争鸣。在这样的政治、经济、科研条件之下，二十四节气的研究才能得以进行，最终在淮南王刘安及门客编撰的《淮南子·天文训》中得以全部完成。二十四节气的科学依据是：

1. 北斗斗柄运行与二十四节气

《淮南子》中确定二十四节气的标准，是北斗斗柄的运行方向。北斗斗柄的运行，同月亮、太阳、二十八宿标示的度数、地球的运行相结合，组成了一个科学的历法体系。《淮南子·天文训》中说：

两维之间，九十一度（也）十六分度之五，而升（斗）日行一度，十五日为一节，以生二十四时之变。

斗指子，则冬至，音比黄钟。……

加十五日指报德之维，故曰距日冬至

四十六日而立春，音比南吕。……

加十五日指常羊之维，故曰有四十六

日而立夏，音比夹钟。……

加十五日指背阳之维，故曰有四十六

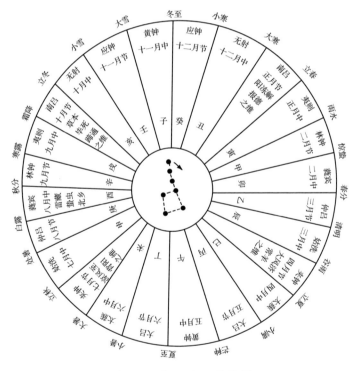

《淮南子》二十四节气图

日而立秋，音比夹钟。……

加十五日指蹄通之维，故日有四十六日而立冬，音比南吕。……

阳生于子，故十一月日冬至。

二十四节气，构成了一个天象、历法、气温、降雨、降雪、物候、农事、音律、干支等的综合体系，成为古代中华民族生存发展、从事农业生产、顺应自然规律、和谐"天人"关系的理论基础。

2. 月亮运行与二十四节气

二十四节气，同月亮的运行密切相关。月亮的运行是阴历。设置闰年，就是根据二十四节气中的"冬至"而设立的。这样，根据太阳和月亮的运行规律，阴阳合历就制定出来了。《淮南子·天文训》中说：

月日行十三度七十六分度之二十六，二十九日九百四十分日之四百九十九而为月，而以十二月为岁。岁有余十日九百四十分日之八百二十七，故十九岁而七闰。

这段话的意思：月亮每天进行$13\frac{28}{76}$度，$29\frac{499}{940}$日而为一月，而把十二个月作为一岁。每年尚差$10\frac{827}{940}$日，不够$365\frac{1}{4}$日。因而十九年有七次闰年。

比如：2014年闰9月，2017年闰6月。

3. 太阳运行与二十四节气

《淮南子·天文训》中运用太阳的运行规律，来划分二十四节气。主要有两种方法：

①圭表测量。 圭表，是中国古代观测天象的仪器。"表"，是直立的标杆。"圭"，是平卧于子午方向的尺子，可以用来定方向、测时间、求出周年常数、划分季节和制定历法。《淮南子·天文训》中记载：

日冬至，八尺之修，日中而景丈三尺。

日夏至，八尺之景，修径尺五寸。

②利用太阳与二十八宿的关系。

《淮南子·天文训》中说：太阳正月处于二十八宿中的营室的位置，二月处在奎、娄的位置，……十一月处在牵牛的位置，十二月处在虚星的位置。

比如："营室"，正月中，雨水。"虚星"，十二月节，冬至。

4. 二十八宿标示度数与二十四节气

《淮南子·天文训》中说：二十八宿与天球赤道的夹角可以分为不同的度数：角宿十二度，亢宿九度，氐十五度，房五度，……七星、张宿、翼宿各十八度，轸星十七度。总共二十八宿365$\frac{1}{4}$度。

二十八宿标示的度数，与北斗斗柄、太阳运行度数相同。比如：立春，在"危十七度"（今测十六度）。立秋，"翼十八度"（今测十五度）。

5. 十二律长度与二十四节气

《淮南子·天文训》中用十二律度数来表示二十四节气的时间变化。《天文训》中说：黄钟处在十二地支子位，它的长度数是八十一分，主管十一月之气，下生林钟。……仲吕的管长六十，主管四月之气，这样十二律的相生便结束了。

比如："冬至"的时候，与十二律相配的为林钟，逐渐降为最低音；"夏至"的时候，与十二律配合的为黄钟，逐渐上升为最高音。

6. 十二月令和二十四节气

《淮南子·时则训》中记载了十二个月与北斗斗柄、二十八宿、五方、二十四节气（其中涉及八个节气）、农事、政事、物候、气象、祭祀、军事、干支、音律、五行等的相互关系：

孟春之月，招摇指寅，昏参中，旦尾中。其位东方。立春之日，……

孟夏之月，招摇指巳，昏翼中，旦婺女中。其位南方。立夏之日，……

孟秋之月，招摇指申，昏斗中，旦毕中。其位西方。立秋之日，……

孟冬之月，招摇指亥，昏危中，旦七星中。其位北方。立冬之日，……

三、二十四节气与中国南北气候分界线

在广袤的祖国大地上，有一条美丽的河流，它就是淮河。西汉前期，位于淮河中游的淮南国，成为当时重要的文化学术中心。而它的倡导者，就是淮南王刘安。淮南王刘安"好读书鼓琴"，博学多才，著述宏富。在东汉史学家班固所著的《汉书》中，就记载了署名刘安的15篇（部）著作。淮南王刘安的著作大多已经失传，而被当代学者胡适称为"绝代奇书"的《淮南子》，却得以幸存。

《汉书·淮南王传》记载："初，安入朝，献所作《内篇》，新出，上爱秘之。"《史记·淮南衡山列传》中说："及建元二年，淮南王入朝。"也就是说，淮南王刘安和门客研制的二十四节气，

在汉武帝即位的第三年，献给了朝廷，并且得到了年轻皇帝的喜爱。因此，二十四节气的完成和上报，至今已有2155年。

淮南王刘安为王42年，都城为"寿春"，即今安徽省淮南市之寿县。

淮河—秦岭一线，是中国南北气候、地理的自然分界线。而淮南国都古城"寿春"，就在分界线的中点线上。 这条分界线温度差别相当显著。在我国冬季一月等温线图0℃的走向上，江苏洪泽、安徽蚌埠、河南桐柏，历年来一月平均温度为1℃。淮河—秦岭一线，四季分明。这为二十四节气的研究制定，提供了得天独厚的地理、气候的参考条件。

春秋齐国贤相晏婴在《晏子春秋·内篇·杂下》中说："橘生淮南则为橘，生于淮北则为枳（zhǐ）。"2500年前人们就发现了淮河具有南北分界线的特点。淮南王刘安在天时、地利、人杰等条件齐备之下，二十四节气终于研制成功。

四、二十四节气的历法传承

淮南王刘安在建元二年（前139年）把《淮南子》奉献给朝廷，到汉武帝太初元年（前104年），共35年。其后传承分为三个阶段：

①汉武帝太初元年至汉成帝绥和二年（前7年）。

西汉前期，公孙卿、壶遂、司马迁、邓平、唐都、落下闳等，第一次把二十四节气编入太初历，共实行97年。

②汉成帝绥和二年至汉章帝元和二年（85年），共实行93年。

西汉末年，刘歆（？前50—公元23年）把太初历加以修改，称为三统历。继承了二十四节气，但是把三个节气的顺序改成"惊蛰""雨水""谷雨"。

③汉章帝元和二年至2020年，共实行1935年。

东汉初期，编䜣、李梵等编制的四分历，恢复了淮南王刘安《淮南子·天文训》的顺序。《汉书·律历志》《后汉书·律历志》《隋书·律历志》《旧唐书·历志》《宋史·律历志》《清史稿·时宪志》等，世代沿袭。

二十四节气从西汉编入历法体系，颁行全国，并且走向了亚洲和世界。

（原载：《人民日报·海外版》，2017年1月24日。有修改。本文增加了"四、二十四节气的历法传承"。）

目 录

第一节

二十四节气的创立

二十四节气是中国古代人民的伟大发明创造，二十四节气诞生在中国南北气候分界线上的古城寿春，就是今天的安徽省淮南市寿县，它的创立者是西汉初期淮南王刘安，它的完整、科学的记载，出自《淮南子·天文训》。

⊙ "天下奇才"

淮南王刘安（前179—前122年），生于西汉初期。他是汉朝的宗室，汉高祖刘邦的孙子，淮南王刘长的长子。刘安的志趣，跟一般的王室贵族有很大的不同。他喜欢读书、弹琴，不喜欢骑马、射箭、打猎。淮南王刘安为王42年，都城设立在寿春。刘安博学多才，著述宏富，在自然科学和社会科学领域，都卓有建树。

南宋史学家高似孙在《子略》中，称赞淮南王刘安是"天下奇才"。在东汉史学家班固所著的《汉书》中，就记载了署名刘安的15篇（部）著作。《汉书》中记载有《淮南内》21篇；《淮南外》33篇；《淮南中篇》8卷。仅三部《淮南子》内、外、中系列著作，就有60多万字。其中文学类的就有《离骚传》《淮南王赋》《淮南王群臣赋》《淮南歌诗》《屏风赋》《招隐士》《颂德》《长安都国颂》等；天文类的有《淮南杂子星》；方术类的有《枕中鸿宝苑秘书》《淮南万毕术》；研究《周易》的有《淮南道训》；研究兵法的有《淮南王兵法》；给皇帝的上书有《谏伐南越书》；音乐类著作有《琴颂》。还有研究《庄子》的专著《庄子后解》《庄子略要》等。刘安和门客的这些著作，涉及易学、哲学、政治、军事、文学、音乐、化学（炼丹术）、天文、地理、养生等众多门类，简直就是一部西汉初期的百科全书。刘安的著作现在大多已经失传，而被现代学者胡适称为"绝代奇书"的《淮南子》，却得以幸存。

⊙ 淮河—秦岭：中国南北气候分界线

二十四节气为什么诞生在古都寿春呢？寿春的地理位置非常特殊。它位于淮河—秦岭一线的中国南北气候自然分界线的中点线上。淮河流域土地肥沃，物产丰富，交通便捷，文化发达。

淮河—秦岭一线，四季分明，对于二十四节气理论体系的完整建立，提供了中国最佳的地理、自然和物候条件。这条分界线上的淮安、蚌埠、桐柏一线，农历一月的平均温度，就是1℃。往南、朝北，温度逐渐升高或降低。

春秋时期齐国贤相晏婴在《晏子春秋·内篇·杂下》中说："橘生淮南则为橘，生于淮北则为枳。"可见，在2500多年前，人们就已经发现了淮河具有中国南北气候、地理自然分界线的特点。淮南王刘安在古都寿春创制二十四节气，可谓尽得天时、地利之利。

⊙ "绝代奇书"

二十四节气的研制，还有"人和"的因素。西汉以前，对于节气的研究，已经延续了1000多年，但是二十四节气的系统、全面的研究，为什么只会诞生在汉代呢？这是因为汉朝的建立，结束了长期的战乱局面，天下安定、经济恢复、学术发展、百家争鸣。西汉初期，是一个文化兴盛的时代，哲学、文学、艺术、自然科学百花齐放。位于淮河流域中部的淮南国，更是当时重要的文化学术中心，聚集了数千名有识之士。他们探讨天下兴亡，研究学术方技，创作诗歌辞赋。而文化学术和科学研究的倡导者，就是淮南王刘安。在这样的社会、政治、经济、科研条件下，在刘安及门客的积极探索之下，《淮南子》与二十四节气的研究才能得以进行，最终得以全部完成。

《淮南子》为什么被称为"绝代奇书"呢？《淮南子》全书21卷，原书20多万字，现今仅保留13万多字。它总结了春秋、战国550多年来诸侯割据、战乱不休，特别是秦朝短暂灭亡的历史教训，构建了适应大一统西汉王朝统治的崭新理论体系，为国家长治久安提供了依据。汉武帝建元二年，淮南王刘安把它献给当时年仅17岁的皇帝，并且得到皇帝的喜爱，这本书被珍藏在皇宫书库之中。

《淮南子》是中国思想和文化史上独树一帜的学术巨著，主要有三个方面的创新：思想创新，文化创新和科技创新。

第一，思想创新。《淮南子》思想深邃，理论透辟，融合黄老道家的自然天道观、儒家的仁政学说、法家的进步历史观、阴阳家的阴阳变化理论，以及兵家的战略战术等各家思想精华为一体，成为以道家思想为主旨的学术创新之作。

第二，文化创新。《淮南子》文笔瑰丽，雄浑多姿，成为"文宗秦汉"的典范作品。它博采众长，继承了先秦文学和诸子的创作手法，开创了具有鲜明西汉特色的文风。

第三，科技创新。《淮南子》中杰出的科技成就，泽惠古今，令人称"绝"。《淮南子》虽然不是自然科学著作，但其中涉及的天文、历法、物理、化学、农学、医药、水利、气象、物候、地理、生物进化、乐律、度量衡计算、养生等许多方面的科技成果，成为其"天人合一"宇宙自然观的重要组成部分，代表了汉代的最高科技水平。流传2000多年，到今天仍然熠熠生辉。

⊙ 二十四节气的研制

二十四节气完整、科学的总结，第一次见于《淮南子·天文训》："两维之间九十一度十六分度之五，而斗日行一度，十五日为一节，以生二十四时之变。"

《淮南子》中用北斗斗柄的旋转来确定季节，构成了一个天象、四季、二十四节气、十二月、农事、物候、气象、干支、音律、方位等的完整体系，成为2000多年来我国历代朝廷施政、农事、祭祀、渔猎、实施刑法、军事活动等各种大事的主要依据，也成为道家天道观顺应自然，与自然和谐相处的重要内容。

《淮南子》中第一次把二十四节气研制成功，它的名称、顺序和理论依据，与今天的完全相同。它是我国古代先民认识自然规律的一次重大飞跃，是驾驭自然使其更好地为人类服务的智慧结晶。《淮南子》记载的二十四节气，内容丰富，逻辑严密，具有结构化的知识特征，涉及范围大致可以分成三类：

第一类是表明季节的。如二"至"、二"分"、四"立"，就是一年中四季的准确划分。

冬至、夏至，是一年之中最重要的两个节气。

一年之中，太阳在正北方，日影最长，这时正好是冬天，天气又最冷，就取名为"冬至"。

一年之中，太阳在正南方，日影最短，这时正值夏季，天气又最热，就取名为"夏至"。

冬至和夏至，太阳到达黄经270°和90°。

春分和秋分，这两天昼夜时间平分，古代又称为"日夜分"。太阳到达黄经0°和180°。

立春、立夏、立秋、立冬，"立"，是开始的意思。四"立"，就是四季的开始。春、夏、秋、冬每个季节，各自包含6个节气。

第二类是反映气候特征的。表示温度变化的有大暑、小暑、大寒、小寒。反映降雨、降雪量的时间和强度的有雨水、谷雨、小雪、大雪等。表明气温逐渐下降及水汽特点的有白露、寒露、霜降等。

第三类是反映物候现象的。物候是大自然的语言，动物、植物长期以来适应大自然温度条件而产生周期性变化，形成相应的生长规律，被称为物候。它是古代先人对自然季节变化现象的深刻认识，并掌握时间规律，服务于农耕生产。二十四节气中有反映物候的，例如小满、芒种，表明农作物的成熟、种植、收获情况。惊蛰、清明，反映动物活动及植物的情况等。

由此可见，二十四节气涉及的范围是非常广泛的，并且具有很强的规律性和实践性。它的创立，对于长期处于农耕社会的中国，依循节气变化规律、发展农业生产、保障人民生存健康、顺应自然法则、保护生态环境、和谐"天人"关系，起到了巨大的作用。

二十四节气在我国人民生活中，有的已经变成了固定的习俗和节日。比如衍生出的春节、元宵节、清明节、端午节、中秋节、重阳节等，都是根据二十四节气来确定的。

为了便于记忆，人们按照春、夏、秋、冬四季的转换顺序，把二十四节气编成歌谣：

> 春雨惊春清谷天，
> 夏满芒夏暑相连。
> 秋处露秋寒霜降，
> 冬雪雪冬小大寒。
> 上半年是六、廿一，
> 下半年是八、廿三。
> 每月两节日期定，
> 最多不差一两天。

二十四节气的创立，充分说明我国古代先人具有高度的智慧和科学水平。对于这样精妙的科学安排，不光是当时的域外各国望尘莫及，就是2000年后的外国人也极为叹服。而西欧到如今还只使用二

"分"、二"至"四个节气，没有二十四节气。所以英国著名气象学家萧伯纳曾提出，要让英国使用二十四节气。2000多年来的中国历法研究和农学著作的编撰，都受到二十四节气的重要影响。

二十四节气在汉武帝太初元年（前104年）被编入国家历法体系，至今已经运行了2124年。二十四节气不光为中国人民所喜爱，还流行于东亚、南亚各国，至今仍然被各国民间所采用。

2016年11月30日，在埃塞俄比亚举行的联合国教科文组织保护非物质文化遗产政府间委员会第十一届常委会上，正式通过决议，把中国申报的"二十四节气"列入联合国教科文组织人类非物质文化遗产代表作名录（"非遗名录"）。《淮南子》与二十四节气，作为中华优秀传统文化的代表作之一，不断发扬光大，走向世界。

二十四节气的科学依据

　　淮南王刘安和他的门客们在《淮南子》中系统地制定了二十四节气，把永恒而又无穷的时间理论，阐述得具有规律性、科学化，既容易掌握，又便捷实用，这可不是一件容易的事情。那么，二十四节气的研制，它的科学依据有哪些呢？根据《淮南子·天文训》和《淮南子·时则训》记载，按照北斗斗柄、月亮、太阳、二十八宿度数、十二律、十二月令等六个方面的运行规律，成为制定二十四节气的重要科学依据。

⊙ 第一，北斗斗柄运行与二十四节气

　　我们来看看《淮南子》是怎样研究北斗的运行规律的。北斗斗柄的运行，同太阳周年视运动、

二十八宿标示的度数、十二律的度数等相配合，组成了一个古代完整、科学的历法、天象体系。

《淮南子·天文训》中记载：

> 两维之间九十一度十六分度之五，而斗日行一度，十五日为一节，以生二十四时之变。
>
> 斗指子，则冬至，音比黄钟。
>
> 加十五日指癸，则小寒。
>
> 加十五日指丑，则大寒。
>
> 加十五日指报德之维，则越阴在地，故曰距日冬至四十六日而立春，阳气冻解。……

"两维"四句的意思是两维之间 $91\frac{5}{16}$ 度，全年共 $365\frac{1}{4}$ 度，北斗的斗柄日行一度，十五天为一个节气，运行一周，就产生二十四个节气。

对于北斗的观测，是我国古代天文的重要内容。在2000多年前的黄淮流域，北斗七星终年在地平线上，常明不隐，引起观测者的极大兴趣，因而成为用来定时间、明季节、辨方向的理想星辰。

北斗星指的是大熊星座内排列成"斗"字形

状的七颗亮星。它们的名称是天枢、天璇、天玑、天权、玉衡、开阳和摇光。北斗七星的前四颗星，即天枢、天璇、天玑、天权，组成一个斗形，又称为斗魁、魁星、璇玑。玉衡、开阳、摇光三星组成斗柄，也叫斗杓（biāo）。如果把天枢和天璇连成一线，并延长五倍，可以找到一颗亮度与它们不相上下的恒星，那就是北极星。北斗七星中，除了天权是三等星，其余六颗都是二等星。北斗七星距离北天极不远，斗柄有时朝上，有时朝下，它们的位置随时而动，但总是围绕北极星转圈子。在我国古代，发现不同季节黄昏时，北斗的斗柄指向是不同的。因此它常用作指示方向、确定季节和认识北方其他星辰的标志。

战国时期的《鹖冠子·环流》一书中，把斗柄所指的方向，与一年四季结合在一起：

斗柄东指，天下皆春；
斗柄南指，天下皆夏；
斗柄西指，天下皆秋；
斗柄北指，天下皆冬。

也就是说，斗柄所指的方向东南西北，分别对应春夏秋冬。

西汉初期的《淮南子》中的《天文训》和《时则训》，继承古代北斗观测的传统，又有所进步。《淮南子·天文训》中说：

> 帝张四维，运之以斗。月徙一辰，复反其所。正月指寅，十二月指丑，一岁而匝，终而复始。

这里的"月徙一辰"，就是《淮南子·时则训》中所指的十二月，分别用十二个地支来表示。比如，孟春、仲春、季春分别对应寅、卯、辰；孟夏、仲夏、季夏分别对应巳、午、未；孟秋、仲秋、季秋分别对应申、酉、戌；孟冬、仲冬、季冬分别对应亥、子、丑。这就是《淮南子》和其他文献常说的"斗建"，就是以"斗柄所指建十二月"。

《淮南子·天文训》中还说：

> 紫宫执斗而左旋。

紫宫，又叫紫微，就是北斗七星第一星所临近的地方。这里指北天极。也就是说，北斗斗柄围绕北天极，在周而复始地旋转。

在《淮南子·天文训》中，把北斗斗柄运行一周规定为 $365\frac{1}{4}$ 度，并分成四个相同的大段，即"四维"："报德之维""常羊之维""背阳之维""蹄通之维"。两维之间是 $91\frac{5}{16}$ 度。每段之中又分成六个小段，这样便分成二十四个小段。每个小段的交点便是一个节气。而北斗斗柄每日行进一度，运行十五日为一节，从而便定出二十四节气来。这样就与地球围绕太阳公转一周 $365\frac{1}{4}$ 度结合起来。

《淮南子·天文训》中用北斗确立二十四节气的观点，后来得到了西汉史学家司马迁的赞同。他在《史记·天官书》中，也是把北斗斗柄作为定方向、定四时、定时辰的标尺来认识的。

北斗斗柄的运行不但可以用来确定二十四节气，我国古代在航海中还用它来指示方向。我国内陆江河湖泊众多，海岸线很长，古代人民很重视航海技术，能够在浩瀚无边的大海中游弋，辨明方向是极其重要的。随着航海事业的发展，一门新的科学应运而生，这就是航海天文学。《淮南子·齐俗训》中记载：

夫乘舟而惑者，不知东西，见斗、极则寤矣。

意思是说，乘着帆船在海洋中航行，是分不清东南西北的，只要观测北斗斗柄和北极星的位置便清楚了。这个宝贵的经验总结，对于古代航海事业，无疑是有重大贡献的。西汉时期，我国的海船就到达了印度洋上的南亚地区。今天，《淮南子》中关于北斗、北极星导航的记载，已经应用在我国高科技成果中，由中国自行研制的北斗卫星导航系统，可在全球范围内提供高精度、可靠定位、导航、授时服务。

⊙ 第二，月亮运行与二十四节气

二十四节气的制定，还有一个科学依据是月亮运行规律。

二十四节气，与月亮的运行密切相关。月亮的运行是阴历。设置闰年，就是根据二十四节气中的"冬至"而设立的。这样，根据太阳和月亮的运行规律，阴阳合历就制定出来了，并沿用至今。

《淮南子·天文训》计算了日、月、年不同时间月亮运行的度数。《天文训》中记载：

月 日 行 十 三 度 七 十 六 分 度 之 二 十 六 ， 二 十 九 日 九 百 四 十 分 日 之 四 百 九 十 九 而 为 月 ， 而 以 十 二 月 为 岁 。 岁 有 余 十 日 九 百 四 十 分 日 之 八 百 二 十 七 ， 故 十 九 岁 而 七 闰 。

意思是，月亮每天行进$13\frac{28}{76}$度，也就是说，月亮每天行进13度多。一个月的时间是29天多，即$29\frac{499}{940}$日，而为一个月。把十二个月作为一岁，也就是一年，每年还相差$10\frac{827}{940}$日。那么，每年还差10.88天，不够$365\frac{1}{4}$日，怎么办呢？因此，十九年中就有七次闰年。

比如，2012年闰四月，2014年闰九月，2017年闰六月，2020年闰几月呢？根据《淮南子·天文训》中记载的月亮运行规律，是可以推算出来的，2020年应该闰四月。

⊙ 第三，太阳运行与二十四节气

二十四节气制定的重要依据之一，就是太阳的运行规律。

《淮南子·天文训》中运用太阳的周年视运动，也就是地球在黄道（指地球绕太阳公转的轨道）上的位置变化，来划分二十四节气。主要有两种方法：

第一种方法是用圭表来进行测量。

圭表，是中国古代观测天象的仪器。"表"，是直立的标杆。"圭"，是平卧于子午方向的尺子。"表"置放在"圭"的南端，并和"圭"互相垂直。根据太阳的出没方位和正午高度的不同，以及周期变化的规律，按照"圭"上"表"的影子，测量、比较和标定日影的周日、周年变化，用来定方向、测时间、求出周年常数、划分季节和制定历法。

《淮南子·天文训》记载说：

日冬至，八尺之修，日中而景丈三尺。

日夏至，八尺之景，修径尺五寸。

这里记载的是测量冬至和夏至的方法：冬至的时候，八尺高的"表"，日影长一丈三尺。夏至的时候，八尺高的"表"，日影长一尺五寸。

第二种方法是利用太阳与二十八宿的关系。

《淮南子·天文训》中说：太阳正月处于二十八宿中的营室的位置，二月处在奎、娄的位置……十一月处在牵牛的位置，十二月处在虚星的位置。

比如，"营室"，正月中，雨水。"虚星"，十二月节，冬至。

⊙ 第四，二十八宿标示的度数与二十四节气

什么是二十八宿呢？我国古代人民为了能够准确掌握四季转换规律，更好地发展农业生产，精确指出日月星辰位置，经过长期观测和实践，创立了二十八宿的体系。就是东方苍龙、南方朱雀、西方白虎、北方玄武，叫作"四象"。每"象"下面，包括7颗星。

所谓二十八宿（xiù），就是把天球赤道附近的天空，划分为二十八个不等的部分。每个部分作为一宿，用一个位于当时赤道附近的星座为标志，并且用这些星座中的一个星作为距星，以便量度距离。宿，是停留、过宿的意思。因为它们环列在日、月、五星的四方，很像是星星们栖居的场所，所以称作"宿"。二十八宿除了标志日、月、五星、彗星等的运行和各恒星所在的位置外，它还可以规定一年四季，划分二十四节气，编写历书，用来指导农业生产等，作用相当大。

《淮南子·天文训》中关于二十八宿的记载，它的价值主要在两个方面：其一，完整地列出了二十八宿的星名，使二十八宿的观测和研究定型化。其二，测出了以赤道为标准的二十八宿每宿的距离，也就是沿赤道上所测得的其初点的距离。

比如，《淮南子·天文训》中说："角宿十二度，亢宿九度，氐十五度，房五度……七星、张宿、翼宿各十八度，轸星十七度。"二十八宿各宿的距度总和为$365\frac{1}{4}$度。立春，在"十七度"（今测是十六度）。立秋，在"翼十八度"（今测是十五度）。

⊙第五，十二律长度与二十四节气

《淮南子·天文训》中用十二律度数来表示二十四节气的时间变化：黄钟处在十二地支子位，它的长度数是八十一分，主管十一月之气，下生林钟。林钟的管长是五十四分，主管六月之气，上生太蔟（cù）……无射（yì）的管长四十五，主管九月之气，上生仲吕。仲吕的管长六十，主管四月之气。这样十二律的相生便结束了。

比如，"冬至"的时候，与十二律相配的是林钟，逐渐降为最低音；"夏至"的时候，与十二律配合的为黄钟，逐渐上升为最高音。

⊙ 第六，十二月令和二十四节气

《淮南子·时则训》中记载了十二个月与北斗斗柄、二十八宿、五方、二十四节气等的相互关系。比如：

> 孟春之月，招摇指寅，昏参中，旦尾中。其位东方。立春之日……
>
> 仲春之月，招摇指卯，昏弧中，旦建星中。其位东方。是月也，日夜分。

"孟春之月"意思：孟春正月，北斗斗柄招摇指向寅位，黄昏的时候，参（shēn）星位于南天正中，黎明时尾星位于南天正中。它的位置在东方，立春的时候……

《淮南子·时则训》记载了十二个月中节气、农事、政事、物候、星宿、天象、音律、祭祀、官员职守、方位等的不同变化，它是古代人民适应自然变化，利用自然规律为人类服务的基本准则，也是长期以来人类同大自然进行斗争的智慧结晶。

二十四节气：二"至"

冬至
二十四节气的第一节气

◆茶梅花

"冬至"是二十四节气的起点。公历在12月21日或22日，太阳到达黄经270°，冬至点开始。

从《淮南子·天文训》到《清史稿·时宪志》，历代正史、哲学、宗教、天文、历法、数学、农学、养生、星占、易学等著作，都沿袭着科学的规定，把"冬至"作为二十四节气的第一节气。

那么，为什么会这样规定呢？

第一节气的核心，是太阳和月亮的"朔旦冬至"。就是说，在这个时刻，太阳和月亮的黄经正好相等。比如，《史记·太史公自序》中记载说："太初元年十一月甲子朔旦冬至，天历始改，建于明堂，诸神受纪。"意思是说，汉武帝太初元年十一月甲子，太阳和月亮合朔，节令就是冬至，汉朝改创历法，实行太初历，在明堂里宣布，并且遍告诸神，尊用夏正（农历以一月为正月）。而其他的二十三个节气，都不具备"朔旦"即合朔的条件，所以第一的位子，没有争议的要让"冬至"来承担。

《汉书·律历志》中记载得更加详细："元封七年，中冬十一月甲子朔旦冬至，日月在建星，太岁在子，已得太初本星度新正。"汉武帝元封七年的国家大事，就是改历，把年号改为"太初"。改历主要符合八个条件：仲冬、十一月、甲子、冬至、日月合朔、建星、太岁、子位。可以知道，这就是确立"冬至"为第一节气的根本原因。

历代文献对"冬至"第一的论述，记载很多。
《淮南子·天文训》中说：

> 斗指子，则冬至，音比黄钟。

意思是说，北斗斗柄指向十二地支的开始、正北方的"子"位，也就是夜里的12点，就是冬至的起点，相对应的是十二音律中的黄钟。黄钟是古代十二律的第一律，声调宏大响亮，主管十一月。

比《淮南子》要晚的西汉司马迁的《史记·律书》中说：

> 太初元年，夜半朔旦冬至。

意思是说，汉武帝太初元年，夜半太阳、月亮合朔时为冬至。

东汉班固的《汉书·律历志下》中，记载的"朔旦"，与《淮南子》《史记》相同：

> 十一月甲子朔旦冬至，日月在建星。
> 中牵牛初，冬至。于夏为十一月，商为十二月，周为正月。

《周髀算经·二十四节气》中按照第一节气"冬至"往下排序，其中"冬至"日影的长度：

　　冬至晷（guǐ）长丈三尺五寸。

"冬至"日影最长，竟有1.35丈。

南朝宋代范晔编撰的《后汉书·律历下》中，记载的"二十四节气"，从"冬至"开始，按照农历月份、二十八宿度数排列：

　　天正十一月，冬至。
　　冬至，日所在，斗二十一度，八分退二。

《周礼注疏》中说：

　　十一月，大雪节，冬至中。
　　冬至昼则日见之漏四十刻，夜则六十刻。

也就是说，农历把大雪、冬至安排在十一月。

可见，二十四节气顺序的科学确定，是从"冬至"开始的。它是按照北斗斗柄的运行、十二音律的规定、太阳和月亮运行"朔旦"在"冬至"交会、二十八宿的位置和度数、圭表的测量等，全部的"推步"即天文、历法的数据计算，"冬至"都是起点。当然，也只能从"冬至"开始。

"冬至"，《吕氏春秋·音律》又叫"日短至"。高诱注中说："冬至日，日极短，故曰日短至。"《淮南子·天文训》中第一次命名为"冬至"。《史记·律书》中说："气始于冬至，周而复始。"冬至时，太阳几乎直射南回归线，北半球白昼最短，黑夜最长。之后阳光直射位置逐渐北移，白昼时间逐渐变长。宋代张君房编写的《云笈七签》卷一百中说："十一月律为黄钟，谓冬至一阳生，万物之始也。"也就是把冬至看作节气的起点。冬至虽然阴气最盛，但是阳气就已经产生了。

对于"至"和"冬至"的词义解释，元代吴澄撰写的《月令七十二候集解》中说：

十一月中，终藏之气，至此而极也。

明代高濂撰《遵生八笺》卷六引《孝经纬》中也说：

　　大雪后十五日，斗指子，为冬至。阴极而阳始至。

清代李光地等编撰的《御定月令辑要》中记载：

　　《孝经说》：斗指子为冬至。"至"有三义：一者阴极之至。二者阳气始至。三者日行南至。

　　元、明、清三朝文献，对"至"和"冬至"的解释，科学而全面。

　　天文学上规定"冬至"为北半球冬季开始。中国大部分地区受到冷高压空气控制，北方寒潮南下，秦岭—淮河一线的北方地区，平均气温在零摄氏度以下。冬至是数"九"的第一天。

⊙ 二十四节气与七十二候

　　二十四节气与自然界的物候现象密切相关。每个节气都有典型的物候现象。物候是大自然的语言，动物、植物长期以来适应自然温度条件，而产生周期性变化，形成相应的生长规律。

　　关于"候"，《黄帝内经·素问·六节藏象大论》中说："五日谓之候，三候谓之气，六气谓之时，四时谓之岁，而各从其主治焉。"就是说，五天为一"候"，每个节气又分成三"候"，六个节气合成一季，四季合为一年。这样的划分，对于研究天、地、人的细微变化，提供了具体的标志性物象。

按照春、夏、秋、冬四季的顺序，对二十四节气进行分类，完整归纳七十二物候现象的是《逸周书·时训解》。但是，七十二物候，根本不是《时训解》的发明，它的内容分散记载在《吕氏春秋·十二纪》《淮南子·时则训》《礼记·月令》等之中。

对于《逸周书·时训解》，南宋著名学者王应麟（1223年—1296年）在《困学纪闻》卷五《礼仪》中，做了详细的考证，他认为作于西汉晚期刘歆之后，属于伪托之作。虽然是"伪托"，但是也有一定的参考价值。

它的价值主要在两个方面：其一，提炼出了七十二候，按照五天一"候"的顺序排列，使二十四节气与物候之间的联系更加规范和细致。其二，按照春、夏、秋、冬四季的顺序，编排二十四节气，对于农耕社会的百姓，使用起来更加方便。

但是，它与根据天象、历法制定的科学的二十四节气，存在很大的差距，使人产生"立春"是"第一节气"的误解。当今的网络中，许多人都是这样表述的。可以知道，误解非常严重。

对物候现象记载较早的是《大戴礼记·夏小正》，比如"正月"就有"启蛰""雁北乡""雉"等，总共记载了80多种物候现象。北魏张龙祥、李业兴等编撰的国家历法"正光历"（520年），正式编入了七十二候的内容，历代农书、历书、史书大都沿袭了这个传统，成为顺应自然规律，安排农事、实施政令的国家规定。但是也有五种对物候的错误记载，从战国晚期的《吕氏春秋》开始，影响了2000多年，需要加以纠正。

明代学者黄道周（1585年—1646年）所编写的《月令明义》，列出了二十四节气和七十二候中所属的物候现象，内容全面而生动。

"冬至"的三"候"：

蚯蚓结，麋角解，水泉动。

第一候，"蚯蚓结"。蚯蚓是冬眠动物。《吕氏春秋·仲冬纪》东汉高诱注中说："蚯蚓，虫也。结,纡(yū)也。"意思是说,蚯蚓弯曲缠绕在一起,结成块状,蜷缩在土里度过冬天。

第二候,"麋(mí)角解"。麋,指麋鹿,俗称四不像,这是我国特有的野生动物,现在属于国家一级保护动物。古人认为,麋和鹿相似而不同种,鹿是山居之兽,属阳;麋是水泽之兽,属阴。东汉许慎《说文解字》中说:"麋,鹿属。冬至解其角。"这种动物很奇特,每年12月,雄性麋鹿就要脱角一次。《淮南子·天文训》中说:"日至而麋角解。"高诱注中说:"日冬至,麋角解。日夏至,鹿角解。"《淮南子·地形训》中说:"麋鹿故六月而生。"就是说,麋鹿孕育六个月才能出生。

第三候,"水泉动"。意思是说,深埋于地底的水泉,由于阳气引发,开始流动。《周书》中说:"冬至后十五日,水泉动。"

⊙ 冬至与民俗和节庆

古代有"冬至大如年"之说,是重要的民俗、节庆活动之一。民俗主要是祭祀,包括祭天、祭祖、祭神等。

冬至祭天,较早的记载见于春秋时期的前629年。《公羊传·僖三一年》:"天子祭天,诸侯祭土。"汉武帝元鼎五年（前112年），开始皇帝冬至祭天仪式。唐代祭天大典也在冬至日举行。明、清时期，在北京天坛举行祭天仪式，祈求来年风调雨顺，表达对上天和自然的尊崇之情。

冬至祭祖习俗，历史悠久。《史记·五帝本纪》中记载了舜帝祭祖之事："十一月，北巡狩。归，至于祖祢（mí）庙，用特牛礼。"这就说明从舜帝时代就有了祭祖仪式。明代嘉靖江西《南康县志》记载："冬至祀先于祠，醮（jiào）墓如清明。"古代祭祖习俗，世代沿袭。缅怀祖先，激励后人。

在民间，冬至节是老百姓非常重视的节日。《淮南子·时则训》说："是月也，日短至，阴阳争。"意思是，这个月里，白天长，夜里短，阴气、阳气互相交锋。"冬至"作为节日，源于汉朝，官方庆贺冬至。宋代杨侃《两汉博闻》中记载说："冬至阳气起，君道长，故贺。"官员要放假休息。宋代沿袭冬至节习俗，要更换新衣，摆酒设宴，祭祀先祖，即使贫困的家庭，也很重视冬至节的习俗。宋代孟元老撰写的《东京梦华录》卷十中说："十一月冬至，京师最重此节。虽至贫者，一年之间积累假借，至此日更易新衣，备办饮食，享祀先祖。官放关扑，庆贺往来，一如年节。"

⊙ 冬至的美食与养生

东汉班固所撰《汉书》卷四十三中说："民以食为天。"冬至节的饮食，是老百姓特别重视的事情。冬至北方盛行吃饺子。传说饺子起源于汉代名医张仲景（？150年—？215年）。张仲景看到南阳家乡疾病流行，天寒地冻，很多百姓冻伤了耳朵，于是研制了"驱寒娇耳汤"，用羊肉和中药做成饺子的形状，每人两个，加羊肉汤，很快治好了冻伤。南阳有民谣唱道："冬至不端饺子碗，冻掉耳朵没人管。"

"冬至"的养生，非常重要。数九寒天，阴气极盛，人体的阴气也极为充实，因此要注意蓄藏阴精。《黄帝内经·素问·四气调神篇》中说："冬三月，此为闭藏。早卧晚起，必待日光。去寒就温，此冬气之应，养藏之道也。"意思是说，冬季三月，这是万物生机闭藏的季节。应该早卧晚起，一定等待日光出来。避开寒冷，靠近温暖的地方，这是适应冬季蓄养藏伏的办法。《淮南子·时则训》中说：在这个月里，君子整洁身心，居处必须掩藏身形，以求得安静。抛开音乐、美色，禁止贪欲奢求，宁静自己的身体，安定自己的心性。

北宋著名道教学者陈抟，高寿118岁。他的《二十四式坐功图》中记载："冬至十一月中坐功：每日子丑时，平坐，伸两足，拳两手，按两膝，左右极力二五度，叩齿，吐纳，咽液。"（参照《古今图书集成·明伦汇编·人事典·养生部》，下引同。）

⊙ 冬至与农事、生态资源保护

二十四节气对于古代的农耕社会，具有重要的指导意义。太阳东升西落，月亮盈亏圆缺，循环往复，周而复始；寒来暑往，四时更替；春种秋收，五谷繁殖，莫不同一年中的二十四节气紧密相连。

冬至时节，有关农事活动和农谚有："犁田冬至内，一犁比一金。冬至前犁金，冬至后犁铁。"意思就是说，冬至耕田，特别重要。"冬至天气晴，来年百果生。"冬至的阴晴，影响着各种果树的收成。"冬至强北风，注意防霜冻。"冬至寒冷，再刮强北风，往往发生大面积霜冻。"冬至萝卜夏至姜，适时进食无病痛。"这里说，冬至时节进食萝卜，有一定的滋补作用。"冬至晴一天，春节雨雪连。"冬至若是晴天，春节就要下雨雪。

"吃了冬至饭，一天涨一线。"冬至以后，阳气就会一天天慢慢增长。

黄淮流域流传的民谣说："一九二九不出手；三九四九冰上走；五九六九沿河看柳；七九河开八九雁来；九九加一九，耕牛遍地走。"

《淮南子·时则训》中记载说："冬至"时节的生态及自然资源利用和保护的措施有：在这个月里，农民有不去收藏采集的，让牛马等家畜乱跑的，取来不加责难。山林湖泽，有能够采集果实、捕猎禽兽的，主管山林之官可以指教他们。他们中有互相侵夺的，处罚不加赦免。

可见，冬至是收获、储藏、捕猎的季节，要准备充足的食物，以便度过严寒的冬天。主管官员，要指导农民收获、采集。对于滥采乱伐的，要严加处罚。

⊙ 冬至与文化

"冬至"已经渗透到中国人的文化生活之中。在诗词曲、戏剧、小说、绘画、音乐、雕塑等各种文学艺术形式中，都渗透了二十四节气的观念。唐代大诗人杜甫《小至》诗中写道：

天时人事日相催，冬至阳生春又来。

刺绣五纹添弱线，吹葭六琯动浮灰。

（原文参照《四库全书》本（宋）郭
知达编《九家集注杜诗》，下文引杜诗
相同。）

意思是说，天时、人事的变化，每天都在相互催促
着。过了冬至，阳气逐渐产生，春天就要来到了。
阳气就像宫女们刺绣添加的细线，一天天在增加。
三重密室里用来测定二十四节气的十二律的律管，
里面蒹葭的灰尘，随着节气而浮动。

杜甫用诗的语言，非常准确生动地描绘了即
将冬去春来的喜悦，并且记载了唐代用十二律测定
二十四节气的方法。

宋朝著名女诗人朱淑真，在《冬至》诗中写道：

黄钟应律好风催，阴伏阳升淑气回。

葵影便移长至日，梅花先趁小寒开。

八神表日占和岁，六管飞葭动细灰。

已有岸旁迎腊柳，参差又欲领春来。

这里的十二律"黄钟"，同二十四节气"冬

至”相对应，时间在十一月，也是用十二律中的“六管”“飞葭”来定节气。虽然寒风凛冽，挺立寒冬的植物“冬葵”“梅花”“腊柳”，必将迎着“好风”，美好的春天就要来到了。

夏至

第十三个节气

◆蜀葵花

夏至，《吕氏春秋·音律》叫作“日长至”。东汉高诱注中说：“夏至日，日极长，故曰日长至。”这时，太阳处在正南方，去极最近，白昼最长，日影最短，阳气最盛，《淮南子》中就取名为“夏至”。夏至，公历每年6月21日或22日，太阳到达黄经90°时开始。

《淮南子·天文训》中记载：

加十五日指午，则阳气极，故曰有

四十六日而夏至，音比黄钟。

意思是说，芒种增加十五日，北斗斗柄指向正南方
"午"的位置，那么阳气达到极点，因此说春分
以后四十六天就是夏至，它与十二律中的黄钟相
对应。

《汉书·律历志下》中记载："中井三十一
度，夏至。于夏为五月，商为六月，周为七月。"

《后汉书·律历下》中说："天正五月，夏
至。夏至，井二十五度，二十分退三。"

《周髀算经·二十四节气》中记载"夏至"日
影长度："夏至，一尺五寸。"夏至日影最短，只
有0.15丈。

《周礼·春官·冯相氏》东汉郑玄注中说：
"冬至，日在牵牛，景丈三尺。夏至，日在东井，
景尺五寸。此长短之极。"可见，郑玄把冬至、夏
至时节太阳在二十八宿中的位置、日晷测量日影的
长度，以及二者的长、短比较，做了科学的解释。

《周礼·大司徒》东汉学者郑司农注中说：
"土圭之表，尺有五寸。以夏至之日，立八尺之
表，其景适与土圭等。"这是用"八尺"圭表测量
夏至日影的较早记载。

《周礼注疏》中说："五月中，芒种节，夏至中。"就是说，芒种、夏至两个节气，安排在农历五月。又说，"夏至昼则日见之漏六十刻，夜则四十刻"。

对于"夏至"的解释，元代吴澄撰《月令七十二候集解》中说："五月中。夏，假也，至也，极也。万物于此皆假大而至极也。"

清代李光地等撰写的《御定月令辑要》中说："《三礼义宗》：夏至为五月中者，'至'有三义：一以明阳气之至极。二以明阴气之始至。三以明日行之北至，故谓之'至'。"

吴澄、李光地采用训诂学的方法，对"夏"和"至"，进行详细的解释，非常科学而生动。

"夏至"时节，北半球白天时间最长，夜里时间最短。南半球则与之相反。《淮南子·时则训》记载："日长至，阴阳争，死生分。"夏至这一天，阴气开始生长，阳气来压制它，所以叫"争"。有些草木开始生长，而荠菜、麦子、葶苈（tíng lì）等植物死去。

⊙ 夏至与物候

夏至的物候，根据明代黄道周撰写的《月令明义》记载，是这样的：

> 麋角解，蜩始鸣，半夏生。

第一候，"麋（zhǔ）角解"。意思是说，"麋"开始脱角。《说文》中记载："麋，麋属。"《字林》中说："麋，似鹿而大，一角也。"可以知道，"麋"是麋鹿一类的野兽，今天叫作驼鹿，夏至开始脱角。《吕氏春秋·仲夏纪》《淮南子·时则训》《礼记·月令》作"鹿角解"。东汉学者高诱注："夏至鹿角解堕也。"

第二候，"蜩（tiáo）始鸣"。意思是说，蜩这时候开始鸣叫。"蜩"很讨人喜欢。《庄子·逍遥游》中记载笑话大鹏的就有"蜩"："蜩与学鸠笑之。"唐朝陆德明《经典释文》中，把"蜩"解释成"蝉"。《吕氏春秋·仲夏纪》《淮南子·时则训》《礼记·月令》中也作"蝉"。高诱注："蝉鼓翼始鸣也。"蝉，俗名知了，雄蝉的腹面有发声器，可以鸣叫。《诗经·豳（bīn）风·七月》中说："五月鸣蜩。"可见，在2500多年前，就知道"蜩"的物候特点了。

第三候，"半夏生"。半夏，药草的名称，

夏至前后生长。此时夏天过半，所以叫作半夏，这种草的块茎可以用作药用。宋代孔平仲《常父寄半夏》诗中说："齐州多半夏，采自鹊山阳。"可知山东济南的"半夏"，久享盛名。明代李时珍《本草纲目·草部》第十七卷把"牛夏"归入"毒草类"，主治"伤寒寒热""头眩""咽喉肿痛""堕胎"等。可见古人重视的"半夏"，确实能够治疗重大疾病。

⊙ 夏至与农事、生态资源保护

有关夏至的农事活动和农谚有："夏至前后雹子多。"意思是说，这个季节常有冰雹袭来。"麦收夏至。夏至无青麦，寒露无青豆。"意思是说，夏至麦收已经全部结束。"夏至水满塘，秋季稻满仓。夏至栽老秧，不如种豆强。"夏至时节高温多雨，是插秧的最好季节。"要想萝卜大，夏至把种下。""夏至种芝麻，头顶一棚花。""夏至里，种玉米。"夏至也是种植萝卜、芝麻、玉米的季节。"夏至不起蒜，就要散了瓣。"夏至到了，大蒜要及时收获。"夏天不锄地，冬天饿肚皮。"夏至虽然炎热，却是耕田、锄草的好时机。"夏至棉开花，四十八天准摘花。"这条物候说明，夏至时棉花开花，再有48天，就可以摘棉花了。这些农谚充满了古代劳动人民的智慧，给后世留下非常宝贵的农业生产实践经验。

对于生态资源的保护和利用，《淮南子·时则训》中说：禁止老百姓采割蓝草来染制衣服。不要砍伐树木烧灰肥田。不能暴晒葛麻织成的布匹。不要关闭城门、巷道，不去关塞、市场征收关税。要把怀孕的母马从马群中分开，将雄健的小马套上马笼头，并且告诉管理马匹的官员。

可以知道，保护蓝草，为了更好地染制衣服；不能砍伐树木，因为正处于生长期；不能烧灰肥田，要保护植物；葛布不能暴晒，才能保证布匹质量；所有道路畅通，保证物质贸易交流；不去征收关税，可以增加百姓收入；对孕马加以特殊保护，为了繁育马匹；对雄健小马套上笼头进行训练，以后可以用来作为交通、生产工具和保卫疆土。这些措施，涉及农牧业各个方面，细致而且周到。

⊙ 夏至与民俗

夏至的民俗有"称人"。为什么要称人呢？夏至之所以称人，是希望在高温酷暑的三伏天，不生病，求平安，这是民间适应天时、保养身体而采取的有趣的举措。小孩子称了，希望一年中体重增加，个头长高。

"称人"主要用一杆百公斤的大秤，一只大箩筐，一根长麻绳。大箩筐用麻绳兜住，人坐进筐里，由两人抬起，老人、长辈打砣看秤。一个个排队过称，井然有序，称好一人，报个斤两，非常热闹。当然，也有立夏节称体重的，目的都是一样。清代道光年间苏州顾禄所撰《清嘉录》中说："家户以大秤权人轻重，至立秋日又秤之，以验夏中之肥瘠。"

⊙ 夏至美食与养生

夏至节阳气很盛，顺应阳气，保护身体，养好肠胃，避免过分消耗体力，防止暑气伤人，注意心志平和，不要愤懑。《黄帝内经·素问·四气调神篇》中说："夏三月，天地气交，万物华实。夜卧早起，无厌于日，使志勿怒，使气得泄。"意思是说：夏季三月，天地之间的阴阳二气相互交流，所有的植物开花结果。应该晚点睡，早点起，不要厌恶白天时间太长，要让心中没有怒气，使得夏气能够疏泄掉。

陈抟《二十四式坐功图》中记载，"夏至五月中坐功：每日寅卯时，跪坐。伸手叉指，屈指，脚换踏，左右各五七度，叩齿，纳清吐浊，咽液。"

夏至天气炎热，南北盛行吃凉面，流行的范围很广。俗语说："冬至馄饨夏至面。"老北京的习俗，夏至节气，人们喜欢吃生菜、凉面。面对酷热天气，吃些生冷食物，可以降火开胃，又不至于因寒凉而损害健康。北京人夏至最爱吃炸酱面。山西刀削面、河南烩面、四川担担面、武汉热干面以及全国各地有特色的面食，夏至时节都有展示。

⊙ 夏至与文化

唐代诗人权德舆《夏至日作》诗中写道：

璇枢无停运，四序相错行。
寄言赫曦景，今日一阴生。

诗中所说的"璇枢"，指的是北斗七星斗柄的第一星叫天枢、第二星叫天璇，周而复始，不停地围绕北天极在运转。《淮南子·天文训》中记载北斗斗柄旋转一周天是 $365\frac{1}{4}$ 度，从而确定二十四节气的度数。春、夏、秋、冬四季相连接替运行，与时推移。我想给炽热的天气捎个话，今天阴气已经开始生长啦！对于"一阴生"，明代科学家徐光启《农政全书》卷二中解释得很清楚："冬至一阳生，主生主长；夏至一阴生，主杀主成。"可见，节气、历法、天象中的夏至、北斗、阴阳、四季等，都已经成了文人入诗的常用素材。

唐代诗人韦应物《夏至避暑北池》诗前面八句写道：

> 昼晷已云极，宵漏自此长。
>
> 未及施政教，所忧变炎凉。
>
> 公门日多暇，是月农稍忙。
>
> 高居念田里，苦热安可当？

"晷（guǐ）"，就是"日晷"，它是根据日影的方向，测定太阳运行时刻的天文仪器。冬至晷影最长，夏至晷影最短。

"漏"指漏壶、刻漏，古代利用漏水计量时间的仪器。我国周代就使用了漏壶，《周礼·夏官·司马》有"挈（qiè）壶氏"。汉代出土了单漏壶，元代发现了三级漏壶。

这八句诗中说，夏至时白天的晷影已经短到极限，夜里漏壶标示时刻从此要加长。我还没来得及实施政治教化，所担忧的气候由热变凉。官府门内每天多有空闲，这个月的农事多有繁忙。居住高堂思念田地，农民酷热怎么能抵挡？

可见，关心民生、为官清廉的诗人韦应物，在炎热的夏至时节，还惦念在田野里辛勤耕作的农民们。

第四节

二十四节气：二"分"

春分

第七个节气

◆海棠花

春分，在公历每年3月20日或21日，太阳达到黄经0°时开始。天球上黄道和赤道相交的两个点之一，就是春分点和秋分点，相差180°。

《淮南子·天文训》中说：

子午、卯酉为二绳。

意思是说，子午、卯酉四辰，就像两条直"绳"，划分出二"至"、二"分"，也就是冬至与夏至、春分与秋分。春分和秋分，这两天昼夜时间平分，古代也称为"日夜分"。《吕氏春秋·仲春纪》中解释说："分，等。昼夜钧也。"

《淮南子·天文训》中记载说：

　　加十五日指卯，中绳，故曰春分，则雷行，音比蕤宾。

意思是说，惊蛰增加十五天，北斗的斗柄指向卯位，正当"绳"处，所以称为春分，那么雷声大作，它与十二律中的蕤（ruí）宾相对应。

《汉书·律历志下》中记载："中娄四度，春分。于夏为二月，商为三月，周为四月。"

《后汉书·律历下》中说："天正二月，春分。春分，奎十四度，十分。"

《岁时百问》中记载："仲春四阳二阴，昼夜之气中停，阴阳交分，故谓之春分。"

《月令七十二候集解》中说："二月中。分

者,半也。此当九十日之半,故谓之分。"这两条记载分别解释了"春分"的命名依据。

《周髀算经·二十四节气》记载日影的长度:"春分,七尺五寸五分。"

《礼记·月令》东汉学者马融注中说:"昼有五十刻,夜有五十刻。据日出日入为限。"

《周礼注疏》中说:"二月启蛰节,春分中。"又说:"漏尺百刻,春、秋分昼夜各五十刻。"就是说,惊蛰、春分两个节气,安排在农历二月。

以上文献,从北斗斗柄运行、十二月令、十二音律、二十八宿度数、日晷测量、漏壶计时等方面,记载了"春分"节气的一系列科学数据。

⊙ 春分与物候

在明代黄道周撰写的《月令明义》中,记载的春分物候现象是:

玄鸟至,雷乃发声,始电。

第一候,"玄鸟至"。玄鸟,就是可爱的小燕子。

对于"玄鸟"的记载,历史非常悠久。《诗

经·商颂·玄鸟》中写道："天命玄鸟，降而生商。"《诗经》中说，商朝的老祖先简狄，吃了燕子的鸟蛋，怀孕生下了契（xiè），以后成为商朝的始祖。这时大约是母系社会，民知其母，不知其父。"玄鸟"还是上古东方少昊时代的官名，掌管春分、秋分的职事。《左传·昭公十七年》中记载："玄鸟氏，司分者也。"晋朝学者杜预注中说："玄鸟，燕也。以春分来，秋分去。"可知古代"玄鸟"的地位，十分高贵而特殊。

《礼记·月令》中说："仲春三月，玄鸟至。"燕子每年春分时节，从热带、亚热带的南方，飞到我国黄河、淮河、长江流域，并且一直往北飞行；秋分时节再飞往南方越冬，每年一次，周而复始，进行大规模的南北迁徙。

第二候，"雷乃发声"。意思是这时候便开始打雷。

商代的甲骨文中就有了"雷"字，像闪电的形状。金文中才加了个"雨"字头。《淮南子·天文训》中说："阴阳相薄，感而为雷。"对于"雷"的形成原因，做了比较科学的解释。

古代对"雷"这种天象，特别关注。《淮南子·时则训》中说：在预计打雷的前三天，主管官员要敲起大铃，告诫老百姓说："天上就要打雷，如果有不戒备自己举止的人，生下的孩子必定要发生疾病等凶灾。"在2000多年前，人的年龄平均大概只有30多岁。古人为了优生优育，保障婴幼儿健康，提醒人们不能在天上打雷的时候受孕，防止孩子有聋哑、白痴、脑瘫等疾病发生。

第三候，"始电"。

《淮南子·地形训》中记载："阴阳相薄，激扬为电。"这时候阴气、阳气剧烈碰撞而产生电，闪电开始出现。《淮南子》对"电"的形成原因的解释，同现在大致相近。

☉ 春分与民俗

春分前后，阳光明媚、清气上升、微风激荡，正是放风筝的最好季节。

《淮南子·齐俗训》中记载："鲁般、墨子，以木为鸢而飞之，三日不集。"鸢（yuān），是老鹰一类的飞禽。春秋时代鲁国的大科学家有鲁班和墨子，这二位大匠研制出的"木鸢"，可以在天上飞行三天，这应该是世界上最早的飞行器了，当然也是飞机、风筝的祖先。

中国古代民间对风筝特别喜爱。中唐诗人元稹

《元氏长庆集·乐府·有鸟十二章》中写道："有鸟有鸟群纸鸢，因风假势童子牵。去地渐高人眼乱，世人为尔羽毛全。风吹绳断童子走，余势尚存犹在天。"描绘了唐代儿童放风筝的神态，十分逼真。清代《红楼梦》的作者曹雪芹，乐于助人。他的残疾朋友于景廉，穷困潦倒，衣食无着。曹雪芹就帮助他扎风筝，卖钱渡过了年关。这时曹雪芹就编写了《南鹞（yào）北鸢考工志》，专门传授扎风筝的技艺和样式，从此曹氏风筝流传天下。

中国作为世界"木鸢"、风筝的发源地，最近几十年来，全国各地相继举办风筝节。潍坊"北筝"、阳江"南筝"，风格不同，异彩纷呈，备受海内外爱好者的关注。山东潍坊1984年4月1日举办第一届国际风筝会，现在每年4月中旬都要举办一年一度的国际风筝盛会，至今已举办33届，影响遍及五大洲，这是北派代表。广东阳江从1992年开始，每年农历九月初九重阳节，在南国风筝竞技场举办群众性风筝比赛，这是南派代表。全国各地，风筝大赛，千姿百态，翱翔蓝天。放飞自然，浮想联翩。

⊙ 春分与农事、生态资源保护

春分对于农业生产，具有特别重要的指导意义，农谚中说："春分秋分，昼夜平分。"这时白天、夜里的时间大致相同。"春分有雨家家忙，先种瓜豆后插秧。"春分前后，是种瓜点豆的最好时机。春分之时早秧已经开始普遍插种。"春分降雪春播寒，春分有雨是丰年。"春分降雨，风调雨顺，全年丰收。"春分刮大风，刮到四月中。""春分大风，夏至雨。"春分所刮的是东风，《淮南子》中叫"明庶风"。温暖、和煦的春风吹来，万物开始蓬勃生长。如果春分时节刮风，对应的夏至时节就要下雨。"麦过春分昼夜长。"冬小麦过了春分，天天变个样，生长的速度明显加快。

《淮南子·时则训》中记载，国家在春分、秋分时节，就要发布有关农事、政事的一系列重要规定："令官市，同度量，均衡石，角斗桶，端权概。"

这是国家对于市场、农业、商贸、交易活动的标准，发布统一的规定。命令管理市场的官员，统一长度和容量单位，使秤和重量标准平正，均等容器斗、桶的标准，校正秤锤和刮平斗斛的器具。就是说，国家所规定的长度、重量、容量等的标准，必须统一，并公告天下。

对于生态资源的保护，《淮南子·时则训》中说：不要使大川沼泽的水源干涸，不要用完池塘的蓄水，不能毁坏山林，不要干征伐、戍边等大事，以致妨碍农业生产。可见，一切为了农业生产，这是春分时节要做的大事。

⊙ 春分美食与养生

春分的田野，生机勃勃，正是挖荠菜、春笋，采摘香椿的好时节。

《淮南子·地形训》中记载："荠冬生而中夏死。"荠菜，是草本植物，冬至后生出苗芽，二三月起茎，开出细白花，生长在田野、路边和庭园。它的叶子非常鲜嫩，食用营养价值很高。民间烹饪荠菜的方法多种多样，有包饺子、清炒等。我国自古民间就有采食野生荠菜的饮食习惯。春分时节的荠菜，药用价值也很高。明朝药物学家李时珍在《本草纲目·菜部》第二十七卷中说："荠，有大、小数种。小荠小花茎扁，味美。大荠科、叶皆大，而味不及。［主治］：利肝和中，利五脏。根，治目痛。"也就是说，荠菜对保护五脏和眼睛都有益处。

春笋是竹子的嫩芽，味道鲜美，含有多种营养物质，也有较高的药用价值。南朝宋代植物学家戴凯之撰《竹谱》中说："植物之中，有名曰竹。不刚不柔，非草非木。"李时珍撰《本草纲目·菜部》第二十七卷记载："利九窍，通血脉，化痰涎，消食胀。"春笋尤其利于清热化痰。

香椿被称为"树上蔬菜"。每年春季谷雨前后，香椿的嫩芽生长出来，可做成各种菜肴。李时珍撰《本草纲目·木部》第三十五卷中说："椿木皮细肌实而赤，嫩叶香甘可茹。"它不仅营养丰富，还具有较高的药用价值。香椿叶厚芽嫩，香味浓郁，营养丰富，远高于其他蔬菜。

陈抟《二十四式坐功图》中记载："春分二月中坐功：每日丑寅时，伸手过头，左右挽引各六七度。叩齿六六，吐纳、漱咽三三。"

⊙ 春分与文化

宋代文学家苏轼在熙宁六年（1073年）担任杭州通判。春分时节，写下了有趣的《癸丑春分后雪》，前面四句：

雪入春分省见稀，半开桃杏不胜威。

应惭落地梅花识，却作漫天柳絮飞。

在浙江杭州，春分竟然飘起了雪花。开了一半的桃花、杏花，禁不住雪花的威力。看到满地凋落的梅花，感到惭愧。桃花却像柳絮一样，漫天飞舞。博学多才的苏轼，看到这个奇景，诗兴大发，留下了传世名篇。

清代诗人宋琬的《春日田家》，就是一幅美妙的自然人物画卷：

野田黄雀自为群，山叟相过话旧闻。

夜半饭牛呼妇起，明朝种树是春分。

一群黄雀，野外觅食；山村老翁，向人叙说旧闻。半夜喂牛，叫起老伴；明天春分，准备种树。

这里有翠绿的田野，有可爱的动物黄雀、老牛，有人物山叟、夫妇。春分时节，山村里充满了恬静、自然、和美的生活情趣。

秋分
第十九个节气

◆格桑花

　　二"分"节气的另一个是秋分。秋分发生在公历每年9月23日或24日，太阳达到黄经180°时开始。同春分一样，太阳光直射赤道，地球上各地昼夜近乎长度相等。

　　《淮南子·天文训》记载：

　　　　加十五日指酉，中绳，故曰秋分。雷戒，蛰虫北乡，音比蕤宾。

意思是说，白露后增加十五日，北斗斗柄指向酉位，正当"绳"处，所以叫秋分。戒，当作"臧"，即古代"藏"字。听到雷声便躲藏起来，蛰伏动物开始冬眠，头朝向北方，它和十二律中的蕤宾相对应。

《汉书·律历志下》："中角十度，秋分。于夏为八月，商为九月，周为十月。"

《后汉书·律历下》："天正八月，秋分。秋分，角四度，三十分。"

《春秋繁露·阴阳出入上下》："秋分者，阴阳相半也，故昼夜均而寒暑平。"这里解释了"秋分"的命名依据。

《周髀算经·二十四节气》记载日影的长度："秋分，七尺五寸五分。"和春分完全相同。

《吕氏春秋·仲秋纪》高诱注中说："分，等也。昼漏五十刻，夜漏五十刻，故曰'日夜分'也。"

《周礼注疏》中说："八月白露节，秋分中。"就是说，白露、秋分两个节气，规定在农历八月。

⊙ 秋分与物候

秋分时节的物候，明代黄道周撰写的《月令明义》中记载：

雷始收声，蛰虫坏户，水始涸。

第一候，"雷始收声"。这时候，雷声开始停息。《吕氏春秋·仲秋纪》高诱注中说："雷乃始收藏，其声不震也。"

第二候，"蛰虫坏户"。"坏"，音péi。《礼记·月令》与此相同。《淮南子·时则训》作"陪"，《吕氏春秋·仲春纪》作"俯"，《埤雅》作"坏"。尽管四个字的写法不同，但是上古音都可以通假作"附"。附，就是依附的意思。

蛰伏冬眠的动物躲进门户、洞穴、泥土之中，不吃不喝，舒舒服服地睡上几个月，第二年惊蛰才苏醒过来。《吕氏春秋·仲秋纪》高诱注："将蛰之虫，俯近其所蛰之户。"而《淮南子·天文训》中说："百虫蛰伏，介鳞者蛰伏之类也，故属于阴。"在热闹的动物大家庭中，需要蛰伏的动物种类繁多，有蛇类、蜥蜴类、龟类、蛙类、鱼类、蜗牛类、贝类等，合起来就是"百虫"。这是动物类适应自然变化，保护自己，生存发展的重要举措。

第三候，"水始涸"。这时候，自然降水量减少，沼泽、湖泊、池塘的水流开始干涸。

⊙ 秋分与民俗、节庆

秋分的传统民俗有祭祀月神。祭月源于先人

对月亮的崇拜。古代有"春祭日，秋祭月"之说。《礼记·祭法》中说："王宫，祭日也；夜明，祭月也。"东汉学者郑玄注："夜明，月坛也。"就是说，祭日，在王宫举行；祭月，在月坛举行。西汉司马迁《史记·孝武本纪》中记载："祭日以牛，祭月以羊彘（zhì）特。"祭祀月神要献上雄健的羊、猪，时间规定在晚上。现在的中秋节，就是由传统的"祭月节"而来。祭祀的场所称为日坛、地坛、月坛、天坛，分设在东、南、西、北四个方向。北京的月坛，建于明朝嘉靖九年（1530年），就是明、清两朝皇帝祭月的地方。民间也祭拜月神。明代陆启浤（hóng）撰写《北京岁华记》中说："中秋夜人家各置月宫符像，男女肃拜烧香，旦而焚之。"

我国境内许多少数民族，也有祭月的习俗，而且分布相当广泛，有东北的鄂伦春族、云南的傣族、广西的壮族等，非常隆重和喜庆。

农历八月十五，是中国传统的中秋节。唐朝初年，中秋节成为固定的节日。《唐书·太宗纪》："八月十五中秋节。"中秋节盛行于宋。宋代孟元老撰写的《东京梦华录·中秋》中写道："中秋夜，贵家结饰台榭，民间争占酒楼玩月，丝篁（huáng）

鼎沸。近内庭居民，夜深遥闻笙歌之声，宛若云外。闾里儿童，连宵嬉戏。夜市骈阗（tián），至于通晓。”

现在，中秋节同春节、清明节、端午节一起，被称为中国四大传统节日。

⊙ 秋分美食与养生

中秋节吃月饼，是中国传统饮食习惯。北宋文学家苏轼在《留别廉守》中写道："小饼如嚼月，中有酥和饴。"说的就是月饼。宋代吴自牧撰写的《梦粱录·荤素从食店》中已经有了"月饼"这个词。明代田汝成撰写的《西湖游览志余》中记载："民间以月饼相遗，取团圆之义。"清代乾隆年间袁枚编写的《随园食单》中记载："酥皮月饼，以松仁、核桃仁、瓜子仁和冰糖、猪油作馅，食之不觉甜，而香松柔腻，迥异寻常。"如今，全国各地广式、晋式、京式、苏式、潮式、滇式等月饼，各具特色，精巧雅致，香甜可口，被海内外的人们所喜爱。

陈抟《二十四式坐功图》中记载："秋分八月中坐功：每日丑寅时，盘足而坐，两手掩耳，左右反侧，各三五度。叩齿，吐纳，咽液。"

⊙ 秋分与农事、生态资源保护

秋分时节的农事活动和农谚有："秋分秋分，昼夜平分。"这里说白天夜里时间是一样的。"白露早，寒露迟，秋分种麦正当时。"秋分开始种越冬小麦。"秋分见麦苗，寒露麦针倒。秋分到寒露，种麦不延误。白露秋分菜，秋分寒露麦。"秋分时节，是种麦、种菜的忙碌时节。"秋分收花生，晚了落果叶落空。""秋分棉花白茫茫。"秋分时节，要抓紧时间收花生和棉花。"秋分种，立冬盖，来年清明吃菠菜。"营养丰富的越冬菠菜，也是在秋分时节播种的。

对于农事、政事和生态保护，《淮南子·时则训》中说：在这个月里，可以修筑城郭，建造都邑，凿成地窖，储藏食物，修建仓库。命令主管部门，督促百姓收集采摘，多多积聚，劝勉百姓种植越冬小麦。假如有人耽误时机，实行处罚，不容置疑。开通关卡和市场，使商旅自由往来，互通货物，以方便人民的需要。四方之人云集，远方之人纷纷来到，财物便不会缺乏，各种事情才能办成功。

⊙ 秋分与文化

中秋月圆之时，远方游子，倍加思念亲人。许多诗人留下千古名篇，寄托自己的情思。盛唐大诗人李白《静夜思》中咏道："举头望明月，低头思故乡。"故乡的美丽山水，萦绕在诗人心中。盛唐名相、诗人张九龄《望月怀远》中写道："海上生明月，天涯共此时。"寄托着对远方亲人的无尽思念。宋代苏轼的著名词作《水调歌头》中饱含深情地写道："丙辰中秋，欢饮达旦，大醉，作此篇，兼怀子由。"其中的"明月几时有，把酒问青天。人有悲欢离合，月有阴晴圆缺，此事古难全。"情真意切，成为千古绝唱。

唐代诗人杜甫，在颠沛流离中，避乱蜀中。唐代宗大历二年（767年）八月十五日夜，56岁贫病交加的诗人，在夔州瀼（ráng）西，写下了《八月十五夜月》，诗中写道：

> 满目飞明镜，归心折大刀。
>
> 转蓬行地远，攀桂仰天高。
>
> 水路疑霜雪，林栖见羽毛。
>
> 此时瞻白兔，直欲数秋毫。

意思是说，满满的月亮，反射到明镜中。归乡心切，吴刚竟然折断了大刀。就像飞转的蓬草，来到偏远的夔州。攀折月宫桂花，仰望天空如此高远。水路好像洒满霜雪，林中栖息的鸟儿能看到羽毛。这时看着月宫的白兔，在皎洁的月光下，真想数着秋生的毫毛。

这首诗围绕八月十五夜的"满目"和"思乡"而展开：月宫有传说中的吴刚、桂树、白兔；月光的明亮，能够"飞明镜""疑霜雪""见羽毛""数秋毫"；反衬"归心"，好似"折大刀""转蓬""天高"。秋色之美，漂泊之苦，思乡之切，跃然纸上。

二十四节气：四"立"（1）

立春

第四个节气

◆迎春花

立春，农历归正月节，公历每年2月4日或5日，太阳到达黄经315°时开始。

立春，是春季6个节气的起点。《宋本广韵》"谆"韵中说得明白："春，四时之首。"就是说，春是春、夏、秋、冬四季的开头。网上说"立春"是"二十四节气之首"，这是不科学的。

主要原因首先是，"立春"缺少太阳、月亮合朔即"朔旦"的先决条件，所以也就不能成为二十四节气计时的起点。就是说，要想担任"第一""之首"的领导责任，上天还没有授予它"资质"，所以只能屈尊作为春季的领班。

其次，"立春"还有寡年、双春年等规定，它是根据闰年来决定的。我们知道，二十四节气主要是根据太阳和月亮的运行规律，而制定出来的永恒的历法，叫作阴阳合历。阳历：太阳周年视运动一回归年是365.2422日。阴历：月亮十二个朔望月的长度是354.3672日。这样一年就相差10.88日，所以就有"十九年七闰"的规定。一般来说，闰4月、5月、6月最多，闰9月、10月最少，闰11月、12月、1月不会出现。根据设置闰年的时间安排，在19个年头里，7年没有立春（寡年），7年是双立春（双春年），5年是单立春。所以，"立春"不可能作为二十四节气的起点。

有关"立春"的主要科学理论有：

《淮南子·天文训》中指出划分四"立"的依据：

子午、卯酉为二绳，丑寅、辰巳、未申、戌亥为四钩。东北为报德之维也，西南为背阳之维，东南为常羊之维，西北为蹄通之维。

这里对《天文训》的术语"维""绳""钩"等加以解释。

"维"，高诱注："四角为维也。"一周年$365\frac{1}{4}$度，分为"四维"。"四维"，就是划分四"立"的根据。四维处于立春、立夏、立秋、立冬的时节。"立"，是开始的意思。四"立"，就是四季的开始。

"绳""钩"，高诱注："绳，直。"《说文》："钩，曲也。"本义指弯曲的钩子。引申有勾连义。可以知道，"二绳"，子午，连接冬至、夏至；卯酉，连接春分、秋分。这样可以分出两"分"、两"至"。

"四钩"，丑寅，报德之维，连接冬春；辰巳，常羊之维，连接春夏；未申，背阳之维，连接夏秋；戌亥，蹄通之维，连接秋冬。可以知道，"四钩"，可以分出四"立"。

由此可知，二十四节气全年为$365\frac{1}{4}$日，两维

之间为 $91\frac{5}{16}$ 度，具体分配的时间整数如下：冬至—大寒46日，立春—惊蛰45日，春分—谷雨46日，立夏—芒种46日，夏至—大暑46日，立秋—白露46日，秋分—霜降46日，立冬—大雪45日。

《淮南子·天文训》中关于"立春"的记载：

> 加十五日指报德之维，则越阴在地，故曰距日冬至四十六日而立春，阳气冻解，音比南吕。

意思是说，惊蛰后增加十五日，北斗斗柄指向报德之维，阴气在大地上泄散，所以说距离冬至四十六天便是立春。阳气升起，冰冻消释，它与十二律中的南吕相对应。

《汉书·律历志下》中说："诹（zōu）訾（zǐ），初危十六度，立春。"

《后汉书·律历下》记载："立春，危十度，二十一分进二。"

元朝吴澄撰写的《月令七十二候集解》中说："正月节。立，建始也。五行之气，往者过，来者续。于此而春木之气始至，故谓之立也。立夏、秋、冬同。"这里解释"立春"命名的依据。

《周髀算经·二十四节气》中记载日影的长度是："立春，丈五寸二分，小分三。"

《吕氏春秋·孟春纪》高诱注中说："冬至后四十六日而立春。立春之节，多在是月也。"

《周礼注疏》中说："正月立春节，雨水中。"就是说，立春、雨水两个节气，安排在农历一月。

⊙ 立春与物候

立春时节，大地回暖，草长莺飞。"立春"典型的物候现象，明代黄道周撰写的《月令明义》中记载：

东风解冻，蛰虫始振，鱼上冰。

第一候，"东风解冻"。意思是，东风送暖，大地解冻。《淮南子·地形训》中叫"炎风"，就是立春时从东北方向吹来的风。唐代诗人贺知章《咏柳》（一作《柳枝词》）中写得好：

碧玉妆成一树高，万条垂下绿丝绦。
不知细叶谁裁出，二月春风似剪刀。

第二候，"蛰虫始振"。蛰（zhé），《说文》："藏也。"就是隐藏的意思。动物冬眠，躲藏起来，睡足了觉，立春到来，蛰居的虫类，开始苏醒活动。

第三候，"鱼上冰"。《吕氏春秋·孟春纪》高诱注中说："鱼，鲤、鲋（fù）之属也。应阳而动，上负冰。"在冬天寒冷的季节里，鱼潜伏在水下，这时水底比较温暖。正月阳气上升，鱼就游到水上，接近冰层，所以说，"鱼上冰"。

⊙ 立春与民俗、节庆

立春时节的民俗是迎春。迎春，也叫迎岁，是古代的祭礼之一。《淮南子·时则训》记载："立春之日，天子亲率三公、九卿、大夫以迎岁于东郊。"在立春的前一天，古代天子在东郊八里举行盛大迎春祭祀活动，并且颁布春天的政令。历代官方，相互承袭。

民间有迎土牛、鞭土牛，迎农祥，浴蚕种等习俗。

春节期间的放鞭炮、舞龙、舞狮、杂耍诸戏等活动，至今盛行不衰。

立春期间的主要节庆活动是春节、元宵节。春节的时间，定在夏历（也叫农历）的正月初一，并延续到正月十五。这是中国民间传统最盛大的节日。

定名"春节"，时间只有100多年。1913年（民国二年）中华民国政府批准以夏历（农历）正月初一为"春节"，1914年起开始实行。

"春节"的特点有两个方面：第一，它是夏历一年的开始。第二，它与二十四节气的"立春"节气时间接近。这便是"春节"命名的特殊意义。

东汉崔寔（shí）在《四民月令》中写道："正月之旦，是为正日。躬率妻孥（nú），絜（jié）祀祖祢（mí）。"由此可知，春节定在正月初一，已经有2100多年的历史了，而祭祖是古代春节的主要活动。

元宵节，指的是农历正月十五日夜晚。宵，《说文》"夜也"。节庆的时间，汉代是一天，唐代是三天，宋代有五天，明代是十天。宋代词人辛弃疾《青玉案·元夕》中描写元宵节的盛况是："东风夜放花千树，更吹落，星如雨。"满城烟火，游人如织，火树银花，通宵歌舞。宋代女词人朱淑真《元夜》诗中写道："火树银花触目红，揭天鼓吹闹春风。"把元宵节的热闹淋漓尽致地表现出来。

正月十五有燃灯的习俗。西汉司马迁《史记·乐书》中记载："汉家常以正月上辛祠太一甘泉，以昏时夜祠，到明而终。"太一，就是天神。甘泉宫，秦代、汉代大型宫殿名称，天子、皇帝办公和居住的地方。从黄昏开始，皇宫中点燃灯烛，通宵达旦。汉武帝时代最为盛行。唐代韦述所撰《两京新记》中说："正月十五夜，敕金吾弛禁，前后各一日以看灯。"这里记载盛唐时代正月十五日夜都城长安张灯的盛况。明代郎瑛所编《七修类稿·辩证类》的"元宵灯"中说："上元张灯，诸书皆以为沿汉祀太一，自昏到明，今遗其事。"也认为起源于西汉。元宵燃灯的习俗，被历代所延续。

⊙ 立春与农事、生态资源保护

立春时节的农事活动和农谚，有家喻户晓的名言："一年之计在于春，一日之计在于晨。"对于这个最好的农耕时机，要"立春一年端，种地早盘算"。"春争日，夏争时，一年大事不宜迟。"立春是四季的开始，往往影响一年农作物的收成。耕田种地，作物管理，施肥浇水，机不可失。"立春雨水到，早起晚睡觉。"春雨贵如油。"吃了立春饭，一天暖一天。"过了立春，天气就一天天转暖了。

《淮南子·时则训》中说：立春的时候，天子亲自率领文武百官，到东郊八里，迎接春天的到来。

举行"迎春"仪式和系列活动，是"天子"的重要大事之一。敬畏大自然，感谢天地的赐予，保护人类赖以生存的生态资源，这是持续发展的国策之一。

《淮南子·时则训》中说：在立春的节气里，禁止砍伐正在生长的树木，不能捣毁鸟巢，不能猎杀怀胎的麋子，不要捕捉幼鹿和产卵的动物，不要聚集大众修筑城郭，要掩埋裸露在外的尸骨。

在这些举措中，保护生长的树木、植物，保护怀孕和幼小的动物，表明了严厉的保护生态环境的国家政策；不要大修城郭，要保护劳动力，全力投入春耕生产；采取很有人性化的举措是，掩埋无人认领的野外尸骨。

⊙ 立春美食与养生

元宵节的传统美食是元宵。中国南方叫汤圆。有的包有各种馅料，有的没有馅料。一般用糯米粉、糖、芝麻等做成。南朝梁代宗懔撰写的《荆楚岁时记》："正月十五作豆糜加油膏。"这种食品大约与汤圆相似。清代作家吴趼人所著《二十年目睹之怪现状》第五十二回中说："旁边是一个卖汤圆的担子，那火便是煮汤圆的火。"清代钱塘符曾的《上元竹枝词》中有"元宵"一首："桂花香馅裹胡桃，江米如珠井水淘。见说马家滴粉好，试灯风里卖元宵。"这里写到桂花馅、核桃仁，非常香甜。珍珠江米，井水淘洗。马家的滴粉汤圆，远近闻名。光亮的灯光，卖着美味元宵。汤圆的"圆"，有"团团圆圆"之意，一般家庭都要吃汤圆。

陈抟《二十四式坐功图》中记载："立春正月坐功：宜每日子丑时，叠手按髀，转身拗颈，左右耸引，各三五度，叩齿，吐纳，咽液。"

⊙ 立春与文化

元代词人贯云石在《清江引·立春》中写道：

金钗影摇春燕斜，
木杪生春叶。
水塘春始波，

火候春初热。

土牛儿载将春到也。

这首"立春"小令的意思：妇人出游，金钗摇动，"春燕"斜插。树木梢头，长出翠芽。池塘的水流，春天来到，泛起波浪。春风吹来，温度转热。"土牛"耕田，春天到了。

这是一幅春意盎然的图画。藏头"金、木、水、火、土"五字，每句各有一个"春"字。

唐代宗大历元年（766年），55岁的杜甫来到夔州，写下了《立春》诗，前面四句是：

春日春盘细生菜，忽忆两京梅发时。

盘出高门行白玉，菜传纤手送青丝。

意思是说，春天"春盘"中放着细细的生菜，纤纤的细手依次传递着。忽然回忆在"两京"梅花开放之时，出自高门白玉般的春盘。

诗人由眼前的"春盘"，想起太平盛世时长安、洛阳的繁华，与当前自己贫病无依，到处漂泊的生活，形成鲜明的对照；对安史之乱给国家、百姓造成的伤害，形成强烈的对比。

立夏

第十个节气

◆ 丁香花

　　立夏，是夏季6个节气的起点。在公历每年5月5日或6日，太阳到达黄经45°时开始。

　　《淮南子·天文训》中记载：

　　　加十五日指常羊之维，则春分尽，
　　故曰有四十六日而立夏。大风济，音比
　　夹钟。

意思是说，谷雨增加十五日，北斗斗柄指向常羊之维，那么春季节气终止，因此说有四十六日而立夏。大风停止。它与十二律中的夹钟相对应。

　　《汉书·律历志下》中记载："实沉，初毕十二度，立夏。"

《后汉书·律历下》中说："立夏，毕六度，三十一分退三。"

清代李光地等撰写的《御定月令辑要》中记载："《孝经纬》：斗指辰东南维为立夏，物至此时皆假大也。"假，就是"大"的意思，指植物类茁壮成长。

《周髀算经·二十四节气》记载日影的长度："立夏，四尺五寸七分，小分三。"

《吕氏春秋·孟夏纪》高诱注中说："春分后四十六日而立夏。立夏多在是月也。"

《周礼注疏》中说："四月立夏节，小满中。"就是说，立夏、小满两个节气，安排在农历四月。

《月令七十二候集解》中记载："四月节。夏，假也，物至此时皆假大也。"

为什么取名叫"夏"？《汉书·高帝纪》注文中颜师古引用郑玄的解释是："夏，音假借之'假'。"就是说，"夏""假"两个字，上古音韵部相同，声纽相近，可以通假使用。唐代、汉代的两位学者，给我们解决了一个困惑。

⊙ 立夏与物候

明代黄道周撰写的《月令明义》中，记载立夏的物候：

蝼蝈鸣，蚯蚓出，王瓜生。

第一候，"蝼蝈鸣"。蝼蝈，古籍中有三种说法。第一种，《礼记·月令》东汉学者郑玄注中说："蝼蝈，蛙也。"第二种，《淮南子·时则训》高诱注中说："蝼，蝼蛄也。蝈，蝦蟆也。"包括两类动物。第三种，《吕氏春秋·孟夏纪》高诱注中说："蝼蝈，蝦蟆也。"可见，东汉学者高诱的注文中，自己就有两种说法。

蝼蛄，俗名土狗子，喜吃农作物的枝叶，是害虫。蝈，《广韵》"麦"韵："蝼蝈，蛙别名。"而蝦蟆，则是青蛙和蟾蜍的统称。可知高诱注文混乱，而东汉郑玄注文和《广韵》的记载是准确的。本句意为青蛙鸣叫。

第二候，"蚯蚓出"。阳气旺盛，蚯蚓从泥土中爬出来。

第三候，"王瓜生"。王瓜，也叫土瓜，是葫芦科多年生藤本植物，果实为椭圆形，熟时呈红色。明代李时珍撰《本草纲目·草部》第十八卷中说："王瓜三月生苗，其蔓多须，嫩时可茹。结子累累，熟时有红黄二色。深掘三尺乃得正根。味如山药。"

⊙ 立夏与民俗

立夏的传统民俗有迎夏。《淮南子·时则训》中说："立夏之日，天子亲率三公、九卿、大夫，以迎岁于南郊。"在立夏这一天，古代天子率领文武百官，在都城南郊七里举行盛大仪式，迎接夏天到来，并颁布夏季的政令。

立夏流行孩子"斗蛋"的游戏。把煮熟的鸡蛋、鸭蛋放在丝线编织成的五颜六色的袋子里，比赛斗蛋。斗碎的，胜者吃掉它。它是增强夏季人们体质的一种游戏，小孩子们非常喜欢。它的道理是这样的：夏季经常会产生"疰（zhù）夏"的病症。疰病，指一种具有传染性和病程长的慢性病。"疰夏"，中医学上指的是夏季身体倦怠、身体发热、食量减退的一种疾病。清代梁章钜编写的《浪迹续谈·天（chán）春》中说："温州土语，凡小儿退热谓之疰夏，杭人谓自立夏多疾者为疰夏，其义各别。"清代尤怡的《金匮翼·诸痊》中说："痊者，住也。邪气停住而为病也。"夏季体质下降，鼓励孩子们多吃鸡蛋，就能提高身体素质。

☉ 立夏与农事、生态资源保护

立夏节气的农事和农谚有："立夏麦龇牙，一月就要拔。立夏麦咧嘴，不能缺了水。"这里说麦子尚未成熟，要注意不能缺水。"豌豆立了夏，一夜一个杈。"豌豆这时候茁壮生长。"立夏大插薯。立夏芝麻小满谷。立夏的玉米，谷雨的谷。立夏种绿豆。立夏种麻，七股八杈。立夏栽稻子，小满种芝麻。"这里说，红薯、芝麻、玉米、绿豆、稻子等农作物，立夏都是种植的季节。"立夏三日正锄田。"立夏时节，还要除草松土。

《淮南子·时则训》中说：立夏时节，帮助物类生长繁衍，继续使之生长，不要有所损害。不要兴建土木工程，不要砍伐大的树木。命令管理山野的官员，巡查田野，劝勉农民努力耕作，驱逐田里的野兽家畜，不让践踏庄稼。

☉ 立夏美食与养生

民间的饮食与养生中，就有"尝三新"。江南地区传统的"三新"有樱桃、青梅、鲥鱼，也有指竹笋、樱桃、梅子，或者樱桃、青梅、麦仁，或者竹笋、樱桃、蚕豆，等等。总之，在立夏时节，可以吃上时令新鲜的食物。

"三新"又叫"三鲜"。立夏时节，各地气温、湿度、光照，有所不同。各地民间又流行"地三鲜"，一般指蚕豆、苋菜、黄瓜；"树三鲜"，一般说的是樱桃、枇杷、杏子；"水三鲜"，主要指海螺、河豚、鲥鱼。

陈抟《二十四式坐功图》中记载："立夏四月节坐功：每日寅卯时，闭息瞑目，反换两手，抑掣两膝，各五七度，叩齿，吐纳，咽液。"

⊙ 立夏与文化

南宋诗人范成大《夏日田园杂兴》"其一"中写道：

> 梅子金黄杏子肥，麦花雪白菜花稀。
> 日长篱落无人过，惟有蜻蜓蛱蝶飞。

这首诗中写道：树上，挂满金黄的梅子、肥大的杏子；田野上，生长着雪白的荞麦花、稀疏的油菜花。太阳光照，白天加长了；篱笆上，影子变短了。行人啊，人迹罕至。自由飞翔的，只有蜻蜓和蝴蝶。

这是立夏时节农村一幅美丽的画卷。

南宋诗人杨万里描绘立夏西湖的诗《晓出净慈送林子方》，"其二"写道：

毕竟西湖六月中，风光不与四时同。
接天莲叶无穷碧，映日荷花别样红。

六月的西湖，风光独特，与四季绝不相同：湖面的荷叶，与蓝天融为一体，形成无穷无尽的碧绿色；阳光照耀下的荷花，显示出不一样的鲜红色。

从中可以知道，杭州西湖美不胜收的时节，就在立夏。

二十四节气：四"立"（2）

立秋

第十六个节气

◆桂花

立秋，在公历每年8月7日或8日，太阳到达黄经135°时开始。立秋是秋季6个节气的起点。

《淮南子·天文训》记载：

加十五日指背阳之维，则夏分尽，
故日有四十六日而立秋，凉风至，音比
夹钟。

意思是说，大暑后增加十五日，指向背阳之维，那
么夏天的节气终结，所以夏至后有四十六日而立
秋。凉风吹来，它与十二律中的夹钟相对应。

《汉书·律历志下》中记载："鹑尾，初张
十八度，立秋。"

《后汉书·律历下》中说："立秋，张十二
度，九分进一。"

《周髀算经·二十四节气》记载日影的长度：
"立秋，四尺五寸七分，小分三。"

清代李光地等撰《御定月令辑要》中记载：
"《孝经纬》：大暑后十五日，斗指坤为立秋。
秋者，揪（jiū）也。物于此而揪敛也。"揪，就是
聚集的意思。这是古代用音同、音近的字，来解释
万物名称的来源，这叫"声训"。"秋"解释作
"揪"，就是这样的例子。《说文》中说："秋，
禾谷孰也。"就是庄稼成熟的意思。

《周礼注疏》中说："七月立秋节，处暑
中。"就是说，把立秋、处暑两个节气，安排在农

历七月。

⊙ 立秋与物候

明代黄道周撰写的《月令明义》中，记载立秋的物候是：

> 凉风至，白露降，寒蝉鸣。

第一候，"凉风至"。这时开始刮偏北风，偏南风逐渐减少，凉风开始到来。《史记·律书》中说："凉风居西南维。"就是说，来自西南方的是凉风。这时处于冬、夏季风交替的时节，往往出现秋高气爽的天气。唐代天文学家李淳风《观象玩占》中有"八节风"，其中说："西南坤风，主立秋四十五日。"

第二候，"白露降"。立秋之时，昼夜温差较大，水蒸气夜里凝结，形成露珠，开始降落。唐代大诗人李白《玉阶怨》中写道："玉阶生白露，夜久侵罗袜。却下水晶帘，玲珑望秋月。"意思是说，玉砌的台阶上滋生了白露，露水浸湿了罗袜。可知水汽之重。

第三候，"寒蝉鸣"。寒蝉，众多蝉类中的一种，又称寒螀（jiāng）、寒蜩（tiáo）。《尔雅·释虫》郭璞注中说："寒螀也，似蝉而小，青赤。"它比一般的蝉要小，青红色，有黄绿斑点、翅膀透明。寒蝉感觉到了寒气，鼓翼而鸣叫。《吕氏春秋·孟秋纪》高诱注中记载："寒蝉得寒气鼓翼而鸣，时候应也。"宋代著名词人柳永《雨霖铃》中写道："寒蝉凄切，对长亭晚，骤雨初歇。"第一句的意思是，秋寒中的蝉儿，叫声凄厉而急迫。

⊙ 立秋与民俗

立秋的民俗主要是迎秋。古代天子亲率三公、九卿、大夫，迎秋于西郊，在西郊举行盛大祭祀活动，并颁布秋天的政令。

秋社，是古代庆祝秋季丰收，感谢土地赐予的恩德，民间祭祀土地神的习俗，规定在立秋后第五个戊日举行。宋代孟元老撰写的《东京梦华录》卷八"秋社"中记载："八月秋社，各以社糕、社酒相赍（jī）送。贵戚、宫院以猪羊肉、腰子、妳（nǎi）房、肚肺、鸭饼、瓜姜之属，切作棋子、片样，滋味调和，铺于板上，谓之'社饭'，请客供养。"百姓喜迎丰收，要互相赠送"社糕""社酒"，要烹饪非常丰盛的"社饭"，招待客人。宋代吴自牧所写的《梦粱录》卷四"八月"中说："秋社日，朝廷及州县差官祭社稷于坛，盖春祈而秋报也。"在"秋社"之时，朝廷和各级官府，也要举行祭祀活动，报答大地的无私赐予。

⊙ 立秋与农事、生态资源保护

立秋的农事和农谚有："六月底，七月头，十有八载节立秋。"这是说立秋节气每年发生的时间。"早晨立秋凉飕飕，晚上立秋热死牛。""立了秋，枣核天，热在中午，凉在早晚。"立秋节气真特殊：早晚凉，中午热，就像个枣核。"一场秋雨一场寒，十场秋雨穿上棉。"立秋下起雨来，天气逐渐转冷。"立秋三场雨，秕（bǐ）稻变成米。"这是说双季稻的颗粒开始饱满。"秋不凉，粒不黄。"秋凉可以促使农作物加快成熟。"麦到芒种，稻到立秋。"这里说，麦类到芒种开始成熟；双季稻立秋前必须种植，否则颗粒无收。"立秋种荞麦，秋分麦入土。"荞麦的种植在立秋，麦类的种植在秋分。

《淮南子·时则训》中说：在这个月里，命令百官，开始收敛赋税；修筑堤坝，谨防障碍阻塞，防备水患的到来；修建城郭，整治宫室。其中的筑堤防水，乃是保护生态、防止水患的重要举措。

⊙ 立秋美食与养生

在立秋时节，民间传统饮食与养生习惯流行"贴秋膘"，增加营养，提高身体免疫力。农历八月八日，时为立秋。经过"苦夏"，天气酷热，人们体质下降，各地都有"贴秋膘"习俗。北方多以肉食为主，常见吃一些白切肉、红焖肉和肉馅饺子，炖鸡、炖鸭、红烧鱼等。其中老北京的吃炖肉，用料考究，一般要配上20多味中草药，香气四溢。

应该指出的是，南方这时还不宜"贴秋膘"，因为温度相对比较高，还要延续一段时间，饮食还要以清淡为主。

陈抟《二十四式坐功图》中记载："立秋七月节坐功：每日丑寅时，正坐，两手托地，缩体开息，耸身上踊，凡七八度，叩齿，吐纳，咽液。"

⊙ 立秋与文化

《淮南子·说山训》中说："见一叶落，而知岁之将暮；睹瓶中之冰，而知天下之寒。以近论远。"这就是成语"一叶知秋"的来历。

“悲秋”，往往成为古代诗人创作绕不开的老话题。战国辞赋家宋玉在《九辩》中写道：“悲哉，秋之为气也！萧瑟兮草木摇落而变衰。”看到草木枯萎，而自然心中产生悲怆的情绪。

但是，在唐代文学家刘禹锡看来，“秋日”却远远胜过“春朝”。他在《秋词二首》“其一”中写道：

> 自古逢秋悲寂寥，我言秋日胜春朝。
> 晴空一鹤排云上，便引诗情到碧霄。

你看，秋高气爽，晴空万里，矫健的鸿鹤，展翅高飞，排开云雾，直上九霄。作者便把自己的创作激情，引展到碧空云霄。而这首诗，却是在作者被贬谪朗州时的作品。这种气魄，这种胆识，这种意境，只有一个坚定的改革家，才能够具有，才能够做到。

宋朝诗人范成大在《立秋后二日泛舟越来溪三绝》“其一”中，描绘的是立秋时节“越来溪”美丽的景色：

> 西风初入小溪帆，旋织波纹绉浅蓝。

行入闹荷无水面，红莲沉醉白莲酣。

"越来溪"在苏州市西南，现在成为越来溪公园。船儿在水中划行，碧波荡漾，荷花密布，红莲醉了，白莲正在酣睡。这是立秋时节江南水乡苏州越来溪的美景。

立冬

第二十二个节气

◆君子兰

立冬，在公历每年11月7日或8日，太阳达到黄经225°时开始。立冬是冬季6个节气的起点。

《淮南子·天文训》中说：

加十五日指蹄通之维，则秋分尽，故日有四十六日而立冬，草木毕死，音比南吕。

意思是说，霜降增加十五日，北斗斗柄指向蹄通之维，那么便是秋节终了，所以说有四十六日而立冬，草木全部枯死，它与十二律中的南吕相对应。

《汉书·律历志下》中记载："析木，初尾十度，立冬。"

《后汉书·律历下》中说："立冬，尾四度，十九分退三。"

《周髀算经·二十四节气》中记载日影的长度："立冬，丈五寸二分，小分三。"

元代吴澄撰《月令七十二候集解》中说："十月节。冬，终也。万物收藏也。"

清代李光地等撰《御定月令辑要》中说："《孝经纬》：霜降后斗指西北维为立冬。《三礼义宗》：十月立冬为节者，冬，终也。立冬之时，万物终成，因为节名。"

东汉文字学家许慎《说文解字》中说："冬，四时尽也。"就是春、夏、秋、冬的最后一个季节。

许慎、吴澄、李光地对"立冬"的命名依据，做了合理的解释。

《周礼注疏》中说："十月立冬节，小雪中。"就是说，立冬、小雪两个节气，规定在农历十月。

⊙ 立冬与物候

明代黄道周撰写的《月令明义》中，记载立冬的物候：

水始冰，地始冻，雉入大水为蜃。

第一候，"水始冰"。水流开始结冰。

《吕氏春秋·孟冬纪》高诱注中说："秋分后三十日霜降，后十五日立冬，水冰地冻也。"宋代张虙（fú）撰写的《月令解》中说："此记十月时候也。水，流物也。至是成冰，阴气凝沍（hù）也。"就是说，阴气渐盛，水流结冰。

第二候，"地始冻"。大地开始上冻。

张虙《月令解》中说："地，坚物也。至是合冻，亦阴气凝沍也。"就是说，阴气更盛，大地封冻。

第三候，"雉入大水为蜃"。雉（zhì），指野鸡。

东汉许慎《说文》中记载野鸡有14种，色彩艳丽。野鸡雄者有冠，尾巴很长。"大水"，《吕氏春秋·孟冬纪》高诱注中说："大水，淮也。"

《国语·晋语九》中记载："雉入淮为蜃。"《大戴礼记·夏小正》中也说："玄雉入于淮为蜃。"淮，指的是淮水。淮水，就是位于中国南北气候自然分界线上的淮河。蜃（shèn），指的是大蛤蜊。这句话的意思是，野鸡进入淮水变成大蛤蜊。《礼记·月令》《吕氏春秋·孟冬纪》《淮南子·时则训》以及古代全部月令的著作，都沿袭了这个错误的说法。这是因为对于自然界物种之间的变化，缺乏科学的知识，而产生的误解。当然，有着五彩斑斓羽毛的野鸡，要让它变成泥巴里的蛤蜊，怎么会愿意呢？

⊙ 立冬与民俗

立冬的传统民俗是迎冬，天子要举办迎冬的仪式。《淮南子·时则训》中记载："立冬之日，天子亲率三公、九卿、大夫，以迎岁于北郊。"在立冬的时候，天子在都城北郊六里之地，举行盛大祭祀活动，并发布冬季的政令。

立冬之后，天气寒冷，开始设炉烧炭，民间开"暖炉会"，成为古代重要的习俗之一。内容有饮酒、烤肉、交流、会友、论学等。南朝宗懔编写的《荆楚岁时记》记载："庐山白鹿洞，游士辐凑，每冬寒，醵（jù）金市乌薪，为御寒之备，号黑金社。十月旦日，命酒为暖炉会。"宋代陶谷撰写的《清异录·黑金社》中又叫"毡炉会"。即坐在毡上，围着炉火，高谈阔论。北宋吕原明编写的《岁时杂记》中说：京人十月初一喝酒，就在炉中烤大块的肉，围着火炉，边饮边吃，称之为"暖炉"。宋代孟元老撰写的《东京梦华录》卷九中记载："十月一日，有司进暖炉炭，民间皆置酒作暖炉会也。"元代陶宗仪编写的《说郛》卷六十九中说："京人十月朔沃酒，及炙脔肉于炉中，围坐饮喝，谓之暖炉。"

⊙ 立冬与农事、生态资源保护

立冬节气有关农事的谚语有："秋蝉叫一生，准备好过冬。"告诉辛苦一年的农民，要准备过冬了。"麦子盘好墩，丰收有了根。种麦到立冬，来年收把种。"这里说，种植冬小麦，在立冬之前就要完成。"立冬节到，快把麦浇。麦子过冬壅遍灰，赛过冷天盖棉被。"已经出土的麦苗要浇水、壅灰。"立冬不砍菜，就要受冻害。"有些蔬菜，要及时砍割收藏，否则就会被冻坏。"立了冬，把地耕。"立冬时节要深耕翻地。"季节到立冬，快把树来种。"到了立冬，这是种树的好季节。

《淮南子·时则训》中记载，这个月的农事、政事以及生态资源保护等，都相当繁忙。但是，对于辛劳的农民，要让他们得到休息。命令管理水泽和渔业的官员，收纳河流湖泽的赋税，而不准侵害民众的利益。命令百官，贮藏好过冬的食物；命令司徒，巡视积聚人力、财力的情况等。给百姓以宽松的休养生息的时间，以及充分的物质保障。

⊙ 立冬美食与养生

立冬时节的饮食习惯中，其中之一是要多喝红茶。红茶含有胡萝卜素、维生素A、钙、磷、镁、钾、咖啡碱、异亮氨酸、亮氨酸、赖氨酸、谷氨酸、丙氨酸、天门冬氨酸等多种营养元素。红茶的制作，采用茶树新芽叶为原料，经过萎凋、揉捻、发酵、干燥等工艺过程，精制而成。茶冲泡后的茶汤和叶底呈红色，而得名红茶。中国红茶，尤其以安徽祁门红茶最为著名。红茶具有暖胃养生、提神益思、消除疲劳、消除水肿、止泻、抗菌、增强免疫等功效。红茶偏温，老少皆宜，尤其适合胃寒的人饮用。

山药，营养丰富，有补脾养胃、生津益肺、补肾涩精、延缓衰老的作用。山药可以药、食两用。特别适合立冬后食用。《神农本草经》中叫"薯预"，列为"草部上品"。认为可以"主伤中，补虚羸，除寒热邪气，补中，益气力，长肌肉，久服耳目聪明，轻身不饥"。《日华子本草》中说："助五脏，强筋骨，长志安神，主泄精、健忘。"明代李时珍的《本草纲目·菜部》第二十七卷中说："薯蓣，益肾气，健脾胃，止泻痢，化痰涎，润毛皮。"唐朝大诗人杜甫《发秦州》诗中就有"充肠多薯蓣"的记载。当今河南焦作温县出产的铁棍山药，是山药中的精品。

陈抟《二十四式坐功图》中记载："立冬十月节坐功：每日丑寅时，正坐，一手按膝，一手挽肘，左右顾，两手左右托三五度，叩齿，吐纳，咽液。"

⊙ 立冬与文化

元末明初杰出的军事家、政治家、文学家，明朝的开国元勋刘基（1311—1375年），在《诚意伯文集》卷五中，收有一首《立冬日作》：

忽见桃花出小红，因惊十月起温风。

岁功不得归颛顼，冬令何堪付祝融。

未有星辰能好雨，转添云气漫成虹。

虾蟆蛱蝶偏如意，旦夕蜚鸣白露丛。

　　这首诗作于元朝末期，对当时元朝的弊政、粉饰太平进行了讽刺，并且预示着元朝的灭亡。

　　立冬之时，"桃花"却开出淡红色的花朵，"十月"竟然刮起了"温风"。天象反常，时令怪异，让人吃惊，这是不祥之兆。

　　每年的收成，不能够归功于五帝之一的"颛顼"；冬令的变暖，哪能够付与火神祝融。

　　没有听说天上星辰，就能够下出好雨；空中的云气，就会转变成为彩虹。

　　本应冬眠的虾蟆、蛱蝶，偏偏得意起来，早晚在白露丛中鸣叫、飞舞。

　　这里的"虾蟆、蛱蝶"，暗喻元朝的统治者。改朝换代即将到来，仍在执迷不悟，自我陶醉。严冬就要来临，还能疯狂到几时？

　　宋代学者钱时所作的《立冬前一日霜对菊有感》，对凌风傲霜的菊花，表达了自己的敬意：

昨夜清霜冷絮裯，纷纷红叶满阶头。

园林尽扫西风去，惟有黄花不负秋。

意思是说，昨天夜里清霜满地，盖上棉被都感觉寒冷。树上红叶纷纷掉落，布满了整个台阶。园林里的树叶，全部被西风吹去。但是只有傲霜的菊花，仍然不辜负秋天。

第七节

二十四节气：小、大"雪"

小雪

第二十三个节气

◆ 水仙花

小雪、大雪，是记载气象中降雪量大小情况的。

小雪，公历每年11月22日或23日，太阳到达黄经240°时开始。

《淮南子·天文训》中说：

加十五日指亥，则小雪，音比无射。

意思是说，立冬增加十五天，北斗斗柄指向亥位，那时便是小雪，它与十二律中的无射相对应。

《汉书·律历志下》中说："中箕七度，小雪。于夏为十月，商为十一月，周为十二月。"

《后汉书·律历下》中记载："十月，小雪。小雪，箕一度，二十六分退三。"

元代吴澄所写的《月令七十二候集解》中说："十月中。雨下而为寒气所薄，故凝而为雪。小者未盛之时。"

清代李光地等撰写的《御定月令辑要》中记载："《三礼义宗》：十月，小雪为中者，气叙转寒，雨变成雪，故以小雪为中。"

吴澄、李光地解释了"小雪"命名的依据。

《周髀算经·二十四节气》中记载日影的长度："小雪，丈一尺五寸一分，小分四。"

《周礼注疏》中说："十月，立冬节，小雪中。"就是说，立冬、小雪安排在农历十月。

⊙ 小雪与物候

明代黄道周撰写的《月令明义》中记载小雪节

气的物候有：

> 虹藏不见；天气上腾，地气下降；
> 闭塞而成冬。

第一候，"虹藏不见"。就是说，彩虹隐藏，不再出现。《淮南子·时则训》高诱注中说："虹，阴阳交气也。是月，阴壮，故藏不见。"意思是说，阴气强盛，彩虹不能出现。

对于美丽的彩虹，古人认为是阴阳二气相交形成的，雄的叫虹，雌的叫霓。现代气象学认为，飘浮在空气中的水滴，受到阳光的折射、反射、衍射，在天空中的雨幕或者雾幕上，形成五颜六色的圆弧形光圈，这就是虹。常见的有主虹、副虹两种，古代叫作"虹霓"。对于"虹"的观测和记载，在殷商的甲骨文中就有了。

毛泽东1933年夏季所写的词《菩萨蛮·大柏地》中，就把美丽的彩虹写入词中：

> 赤橙黄绿青蓝紫，
> 谁持彩练当空舞？
> 雨后复斜阳，
> 关山阵阵苍。

把虹霓比喻成彩带，在天空飞舞，赋予极其浪漫的色彩。

第二候，"天气上腾，地气下降"。就是说，阳气开始上升，阴气开始下降。《吕氏春秋·孟冬纪》高诱注中说："天地闭，冰霜凛冽成冬也。"

第三候，"闭塞而成冬"。就是说，天地不通，阴阳不交，万物失去生机，成为寒冷的冬天。《吕氏春秋·音律》中说："应钟之月，阴阳不通，闭而为冬。""应钟"与农历十二月相对应，阴气、阳气形成闭塞的状况，而成为冬天。

⊙ 小雪与民俗

小雪时节，中国民间的习俗是腌制腊肉。

腌制腊肉，历史悠久。《论语·述而》中记载："自行束脩以上，吾未尝无诲矣。"唐代学者孔颖达《论语正义》中解释说："书传言束脩者多矣，皆谓十脡（tǐng）脯（fǔ）也。"意思就是拿十条干肉当作学费。腊肉主要以畜禽肉为原料，把肉材配上食盐、香料、酱料、糖等，经过原料整理、腌制、清洗造型、晾晒风干等工序，加工成美味可口的腊肉。腊肉的特点是肉质细嫩、红白分明、咸鲜可口、风味独特，便于携带、贮藏。比如安徽刀板香、四川腊肉、湖南腊肉、南京板鸭、宁波腊鸭、成都元宝鸡、北京清酱肉、杭州酱鸭、云南风鸡等，都是我国各地著名的传统腊肉。

⊙ 小雪与农事、生态资源保护

小雪时节的农事和农谚也有很多，比如，"瑞雪兆丰年。"意思是，冬雪是庄稼获得丰收的预兆，预示着来年是丰收之年。还有："节到小雪天下雪。小雪节到下大雪，大雪节到没了雪。"到了小雪节气，黄淮流域一般都要下雪。"小雪大雪不见雪，小麦大麦粒要瘪。"这里说，如果小雪、大雪节气没有下雪，今年的麦子就要干瘪了。"小雪不把棉柴拔，地冻镰砍就剩茬。"告诉农民小雪前要把棉茬拔了。"小雪不起菜，就要受冻害。"各种蔬菜都要收获，不能留在地里。"到了小雪节，果树快剪截。"小雪节气，是果树修剪枝条的好时机。"时到小雪节，打井修渠莫歇。"就是要抓紧时间兴修水利，打井挖渠。这些关于农业生产的谚语，也反映了劳动人民的勤劳和智慧。

《淮南子·时则训》中记载：在这个月里，要命令百官，贮藏好过冬的各种食物；命令司徒，巡视积聚人力、财力的情况；修筑城郭，警戒城门和间巷；修理好开关城门的门闩，谨慎地管好钥匙；工师献出自己的产品，察看式样规格，以坚固精细作为上等。如果工匠制出的产品，粗劣和容易破碎，或者制作过分奇巧，必定追究他们的罪过。

这里涉及的内容十分广泛，有贮藏粮食，集聚物力财力，修筑城郭房舍，搞好安全保卫，展示制作的各种农业、生活、日用的物品。特别强调的是，这些物品，不允许粗劣和奇巧。这些规定，牵涉到古代农耕社会中的各个方面，对于百姓生存、发展，具有重要意义。

⊙ 小雪美食与养生

在饮食方面，小雪时节，人们爱吃年糕。明代刘侗、于奕正撰写的《帝京景物略·春场》中记载："正月元旦，夙兴盥漱，啖（dàn）黍糕，曰年年糕。"可知制作"年糕"，至少明代就有准确的记载。

年糕是中华民族新年的传统美食。传统年糕有红、黄、白三色，象征金银，年糕又称"年年糕"，与"年年高"谐音，寓意着人民的生活水平年年提高。年糕的食用，可以汤煮、爆炒、油炸、清蒸等，咸甜皆宜。年糕富含蛋白质、脂肪、碳水化合物、烟酸、钙、磷、钾、镁等营养元素。

江浙一带小雪时节，盛行打年糕，充满浓厚的生活情趣。传统打年糕，使用的工具有石磨、石臼、蒸架等。做成年糕，要经过十多道工序：掺米、淘米、磨粉、烧火、上蒸、翻蒸、打糕、点红、切块等，才能够完成。

中国各地都有精美的年糕品种，比如北京年糕、苏式年糕、蒙自年糕、福州年糕、宁波慈城年糕等，风味各不相同。

陈抟《二十四式坐功图》中记载："小雪十月节坐功：每日丑寅时，正坐，一手按膝，一手挽肘，左右争，力各三五度，叩齿，吐纳，咽液。"

⊙ 小雪与文化

在北宋政治家、文学家王安石的五绝《梅花》诗中，把"梅"的香气和"雪"的洁白，天衣无缝地结合在一起：

墙角数枝梅，凌寒独自开。
遥知不是雪，为有暗香来。

你看，墙角几枝梅花，冒着严寒独自开放。远看知道不是雪花，因为有幽香传来。

1076年，55岁的改革家王安石第二次罢相，退居钟山。"墙角"是生长的环境；"梅"为自喻；"凌寒"，指境遇之残酷；"独"，心境孤独，没有知音；"暗香"，喻品德高贵。这首短短20字的小诗，充分表达了诗人不惧严寒，凌霜傲雪的坚强意志。列宁称王安石为"中国11世纪伟大的改革家"，名副其实。

宋代诗人黄庭坚《次韵张秘校喜雪三首》"之三"的前四句是这样的：

> 满城楼观玉阑干，小雪晴时不共寒。
> 润到竹根肥腊笋，暖开蔬甲助春盘。

"小雪"一到，雪花飞舞，满城的楼台亭阁，变成白玉阑干；雪后放晴，蓝天白云。雪花滋润了竹根，腊月的笋子长得肥满；暖春即将到来，成为"春盘"中的美味佳肴。

"苏门四学士"之一的黄庭坚，爱自然，爱生活，爱冰雪，爱美食，这个文学大家，也着实让人喜爱。

◆茶花

　　大雪，公历每年12月7日或8日，太阳到达黄经255°时开始。

　　《淮南子·天文训》中记载：

　　　　加十五日指壬，则大雪，音比应钟。

意思是说，立冬增加十五日，北斗斗柄指向壬位，那么便是大雪，它的音律与十二律中的应钟相应。

　　《汉书·律历志下》中说："星纪，初斗十二度，大雪。"

　　《后汉书·律历下》中记载："大雪，斗六度，一分退二。"

　　元代吴澄编写的《月令七十二候集解》中记

载："十一月节。大者，盛也。至此而雪盛也。"

清代李光地等撰写的《御定月令辑要》中说："《三礼义宗》：十一月，大雪为节者，形于小雪为大雪，时雪转甚，故以大雪为节。"

吴澄、李光地对"大雪"的命名依据做了介绍。

《周髀算经·二十四节气》记载日影的长度："丈二尺五寸，小分五。"

《周礼注疏》中说："十一月，大雪节，冬至中。"就是说，大雪、冬至两个节气，规定在农历十一月。

⊙ 大雪与物候

明代黄道周撰写的《月令明义》中记载，大雪的物候现象：

鹖旦不鸣，虎始交，荔挺出。

第一候，"鹖旦不鸣"。意思是说，寒号鸟不再鸣叫。

鹖（hè）旦是什么鸟呢？《淮南子·时则训》记作鳱鴠（gān dàn）。东汉高诱的注解是"山鸟"。在《玉篇》里记载："鳱鴠，似鸡，冬无毛，昼夜长鸣，名倒悬。"就是俗称的寒号鸟。明代李时珍在《本草纲目·禽部》第四十八卷中记作"寒号虫"，书中说："夏月毛盛，冬月裸体，昼夜鸣叫，故曰'寒号'。"又说："曷旦乃候时之鸟也，五台诸山甚多。其状如小鸡，四足有肉翅。夏月毛采五色，自鸣若曰：'凤凰不如我。'至冬毛落如鸟雏，忍寒而号曰：'得过且过。'"这就是成语"得过且过"的来历。

第二候，"虎始交"。意思是说，大雪节气里，老虎开始交配。

明代李时珍所撰《本草纲目·兽部》第五十一卷中记载："《易通卦验》：立秋虎始啸。仲冬虎始交。或云：月晕时乃交。又云：虎不再交，孕七月而生。"又说："虎，山兽之君也。夜视，一目放光，一目看物。"可知老虎的生性极为奇特。《淮南子·精神训》中说："若夫吹呴呼吸，吐故内（nà）新，熊经鸟伸，凫浴猿躩（jué），鸱视虎顾，是养形之人也。"把"虎顾"作为"六禽"戏养形动作之一。《后汉书·华佗传》中也说："吾有一术，名五禽之戏。一曰虎，二曰鹿，三曰熊，四曰猿，五曰鸟。"由此可知东汉医学家华佗的健身功法"五禽戏"，就是从《淮南子》中化生而来。

第三候，"荔挺出"。意思是说，马荔草开始生长。

荔（lì），是指马荔草，又叫马蔺（lìn）子，有的地方叫蠡（lí）实。《说文》中说："荔，草也。似蒲而小，根可做刷。"挺，即生出义。明代李时珍在《本草纲目·草部》第十五卷中记载："蠡草生荒野中，就地丛生，一本二三十茎，苗高三四尺，叶中抽茎，开花结实。"又说，马荔草主治皮肤寒热、胃中热气、风寒湿痹，坚筋骨，久服轻身。

⊙ 大雪与民俗

大雪纷飞，中国北方、南方进入赏雪的最佳季节。赏雪历史悠久。宋代周密撰写的《武林旧事》中记载："禁中赏雪，多御明远楼。后苑进大小雪狮儿，并以金铃彩缕为饰，且作雪花、雪灯、雪山之类，及滴酥为花及诸事件，并以金盆盛进，以供赏玩。"这里记载的是南宋都城临安（今浙江杭州）皇帝后宫美貌的嫔妃们赏雪、玩雪狮子的热闹场面。宋代理学家邵雍《赏雪吟》诗中写道："一片两片雪纷纷，三杯五杯酒醺醺。此时情状不可论，直疑天在才绷绖。""大雪"纷飞，饮酒驱寒。天地茫茫，皆为自然造化。

我国地域辽阔，赏雪圣地，各具特色。主要有：新疆的喀纳斯，黑龙江省哈尔滨的雪乡，四川省川西的九寨沟、西岭雪山等地，湖南省张家界，云南省德钦县梅里雪山，吉林省长白山，云南元阳和广西龙脊等地的梯田赏雪，陕西省太白山，湖北省神农架，西藏的雪山，等等。冰雪奇观，令人神往。

⊙ 大雪与农事、生态资源保护

大雪时节的农事活动和农谚有："大雪兆丰年，无雪要遭殃。大雪不冻，惊蛰不开。""冬雪一层面，春雨满囤粮。""麦盖三层被，头枕馍馍睡。""雪有三分肥。""大雪三白，有益菜麦。""冬无雪，麦不结。"这些农谚告诉我们，大雪节气，必须下雪、封冻，冬小麦、油菜等农作物才能吸收充足的水分、减少病虫害、有个好收成。如果无雪、无冻，对于农作物的生长、发育，就会产生不利的影响。

《淮南子·时则训》中，对生态保护、农事、政事、酿酒、健康等，都有丰富的记载。在这个月里，官员督促采集果实和加强管理：农民如果有不去收藏采集的，有让牛马等家畜乱跑的，取来不加责难。官员帮助农民采摘和捕猎：山林湖泽，有能够采摘果实、捕猎禽兽的，主管山林之官可以教导他们。严格加强管理：农民中有互相侵夺的，处罚他们不加赦免。君子要整洁身心：抛开音乐、美色，禁止贪欲奢求，安定自己的心性。开始伐木、制箭：水泉开始流动，那么就可以砍伐树木，制取竹箭。要建筑宫室等：修饰宫廷、庭院、城门、巷道等。

这个月里开始酿酒：命令主管酿酒的官员，酿酒的原料秫稻必须齐备，酒母必须掌握好时间，浸渍蒸煮用具必须清洁，水质必须清冽，陶器必须精良，火候必须适当，不能有一点差错和变更。这就是流传数千年的古代经典酿酒工艺。

⊙ 大雪美食与养生

大雪时节的饮食与养生中，人们喜欢吃羊肉。我国人民食用羊肉历史悠久。我国古老的诗歌总集《诗经·国风·豳风·七月》中记载："朋酒斯飨，曰杀羔羊，跻彼公堂，称彼兕觥（gōng），万寿无疆。"意思是说，两杯美酒来聚飨，宰杀美味有羔羊。一起登上大公堂，高举兕角觥，祝福万寿无疆。可见，"羊"在古代的饮食结构中，具有重要的地位。明代李时珍撰写的《本草纲目·兽部》第五十卷中说：羊肉能够"虚劳寒冷，补中益气，安心止惊，五劳七伤，开胃健力"。就是说，羊肉能够抵御风寒，滋补身体，对风寒咳嗽、慢性气管炎、虚寒哮喘、腹部冷痛、体虚怕冷等症状，都有一定的治疗或补益效果。

羊肉最适宜于冬季食用，成为冬季最佳的补品之一，深受国人欢迎。我国优良的肉用山羊有：四川省南江县的南江山羊，四川省川西平原的成都麻羊，陕西、河南境内的马头山羊，广西隆林县的隆林山羊，广东湛江徐闻县的宵州山羊，等等。

陈抟《二十四式坐功图》中记载："大雪十一月节坐功：每日子丑时，起身，仰膝，两手左右托两足，左右踏，各五七次，叩齿，吐纳，咽液。"

⊙ 大雪与文化

北宋著名政治家、文学家欧阳修在永阳（今安徽滁州市）为政三年，深得民心。而位于滁州市西郊12.5千米的清流关，乃是古代重要关隘，南望长江、北控江淮，地势险要，是北方进出南京的必由之路。他在《永阳大雪》中写道：

清流关前一尺雪，鸟飞不度人行绝。

冰连溪谷麋鹿死，风劲野田桑柘折。

江淮卑湿殊北地，岁不苦寒常疫疠。

老农自言身七十，曾见此雪才三四。

新阳渐动爱日辉，微和习习东风吹。

一尺雪，几尺泥，泥深麦苗春始肥。

老农尔岂知帝力，听我歌此丰年诗。

　　这首古体诗的意思是说，清流关的雪好大呀，足有一尺多深。这条通往南京的交通要道，飞鸟绝迹，不见人影。小溪山谷冰雪封冻，连麋鹿都冻死了。北风劲吹，桑树、柘树连腰折断。江淮之间低洼潮湿，跟北方不同；如果不是特别寒冷，常常会发生大的瘟疫。70岁的老农说，这样的大雪只见过三四回呢。雪后升起的太阳，光辉惹人喜爱；东风习习吹来，给人微微暖意。这场大雪好啊！雪深泥厚，麦苗养分充足，这又是一个大丰收年呀！作为知州，我要大声歌唱！

　　而唐代文学家柳宗元被贬官到永州，写下了《江雪》，描写渔翁寒江独钓，抒发了自己失意的心情：

千山鸟飞绝，万径人踪灭。

孤舟蓑笠翁，独钓寒江雪。

这首诗的意境是千座山、万条路，无飞鸟、无人迹。只有孤舟、只有头戴蓑笠的老翁，在冰雪封冻的江上独自垂钓。孤独、郁闷，这是柳宗元备受打击后的精神状态的写照。

"映雪读书"，成了古代学子勤学苦读的典范。晋代孙康，家贫好学，常常在冬夜利用雪的反光来读书。在唐代徐坚编撰的《初学记》卷二中，引用了《宋齐语》中的记载："孙康家贫，常映雪读书，清淡交游不杂。""映雪"励志，成为中国长期流传的文化现象，影响极为深远。当代剧作家欧阳予倩创作的《馒头庵》第四场中，就采用了这个典故："儿须要体父心攻书上进，讲学问须得要映雪囊萤。"

第八节

二十四节气：小、大"寒"

小寒

第二个节气

◆ 蜡梅花

小寒，公历每年1月5日或6日，太阳到达黄经285°时开始。之所以称"小寒"，就是说寒气还没有达到最冷的时候。"小寒"正值"三九"前后。

《淮南子·天文训》中记载：

加十五日指癸，则小寒，音比应钟。

意思是说，在冬至之后增加十五日，北斗的斗柄指向地支中的癸位，那么就是小寒，相对应的是十二律中的应钟。

《汉书·律历志下》中说："玄枵（xiāo），初婺（wù）女八度，小寒。"

《后汉书·律历下》记载："小寒，女二度，七分进一。"

元代吴澄撰《月令七十二候集解》中说："十二月节。月初寒尚小，故云。月半则大矣。"

清代李光地等撰《御定月令辑要》中说："《三礼义宗》：小寒为节者，亦形于大寒，故谓之'小'。言时寒气犹未及也。"

吴澄、李光地解释了"小寒"命名的依据。

《月令明义》中说："小寒之日，日在斗十度。"

《周髀算经·二十四节气》记载日影的长度："小寒，丈二尺五寸，小分五。"

《周礼注疏》中说："十二月，小寒节，大寒中。"就是说，小寒、大寒两个节气，安排在农历十二月。

⊙ 小寒与物候

明代黄道周撰写的《月令明义》中，记载小寒的物候现象是：

雁北乡，鹊始巢，雉始雊。

第一候，"雁北乡"。乡，是个通假字，通"向"。意思是，大雁向北方飞去。

《吕氏春秋·季冬纪》高诱注中说："雁在彭蠡（lǐ）之泽，是月皆北乡，将来至北漠也。"冬候鸟中的大雁，顺着阴阳而迁徙。这时阳气已动，所以大雁从南方的洞庭湖向北方迁移，有的飞到北方的沙漠中，有的飞到青海湖鸟岛，有的飞到俄罗斯贝加尔湖一带，繁育幼雏。

"鸿雁"一年一度的长途迁徙，自古至今，寄托了许多游子对故国家园、远方亲友的深深思念。《周书》中说："白露之日鸿雁来。鸿雁不来，远人背叛。小寒之日雁北向。雁不北向，民不怀至。"宋代女词人李清照《一剪梅·别愁》中写道："云中谁寄锦书来，雁字回时，月满西楼。"鸿雁传书，寄托着美好的心愿。

第二候，"鹊始巢"。意思是说，喜鹊开始筑巢。

《吕氏春秋·季冬纪》东汉高诱注中说："鹊，阳鸟，顺阳而动，是月始为巢也。"《诗经·召（shào）南·雀巢》东汉郑玄注中说："鹊之作巢，冬至架之，至春乃成。"《周书》中也说："小寒之日雁北乡，又五日鹊始巢。"这是一年中最冷的季节，喜鹊已经感受到了阳气的来临，冒着严寒，开始筑巢，做好孕育后代的准备。

民间传说喜鹊报喜，因此便产生了美丽的神话。《淮南子》的佚文中说："乌鹊填河，而渡织女。"这便是最早的牛郎织女"鹊桥"相会的故事。

第三候，"雉（zhì）始雊（gòu）"。意思是说，雉鸟开始鸣叫。

雉，指野鸡。《玉篇》："雉，野鸡也。"雄雉尾巴很长，羽毛美丽。雌雉尾巴较短。雊，《说文》："雌雄鸣也。雷始动，雉鸣而雊其颈。"主要指雄性野鸡的鸣叫。《诗经·小雅·小弁（biàn）》中写道："雉之朝雊，尚求其雌。"雉鸟在接近"四九"时，就会感受到阳气的增长而鸣叫，便开始求合雌鸟。

⊙ 小寒与民俗

小寒临近春节，民间活动丰富多彩，主要民俗活动有春联、年画、冰嬉、爆竹等。

春联是中国特有的文学形式，采取对仗、平仄等创作方法，用简明、精巧的文字语言，抒发美好、吉祥的愿望。每逢春节，家家户户都贴上一副大红的春联。

最早的春联，是唐代刘丘子作于唐玄宗开元十一年（723年）的"三阳始布，四序初开"，见于敦煌莫高窟藏经洞出土的敦煌遗书。比后蜀末代皇帝孟昶的题联"新年纳余庆，嘉节贺长春"要早240年。宋代吴自牧撰写的《梦粱录·除夜》中记载："士庶家不论大小，俱洒扫门闾，去尘秽，净庭户，换门神，挂钟馗，钉桃符，贴春牌，祭祀祖宗。""春联"一词，较早见于明代董斯张撰写《吴兴备志》中引用的《濯缨亭笔记》："元世祖命为殿上春联，子昂题曰：'九天阊阖开宫殿，万国衣冠拜冕旒。'又命书应门春联曰：'日月光天德，山河壮帝居。'"可以知道，第一次叫作"春联"的，是元朝书法家赵孟頫为元世祖忽必烈所书写的。

中国早期的年画，与驱凶避邪、祈福迎祥的主题关系密切。东汉蔡邕撰写的《独断》卷上中说："神荼（tú）、郁垒二神居其门，主阅领诸鬼，其恶害之鬼，执以苇索，食虎。故十二月岁竟，常以先腊之夜，逐除之也。乃画荼、垒，并悬苇索于门户，以御凶也。"这是用两个神灵来保佑全家平安，是最早的门神。民间年画的主角，从最早的桃符、苇索、金鸡、神虎，到神荼、郁垒，再到关羽、赵云、尉迟恭、秦叔宝等武将，以及钟馗、天师、东方朔等神仙，寄托了民间百姓祈求平安的美好愿望。当今的桃花坞木版画、杨柳青年画、潍坊年画、绵竹年画、朱仙镇木板年画、佛山年画等，画风古朴，各呈异彩，深受人们的喜爱。

冰嬉，也叫"冰戏"。古代冰上活动的泛称。唐代已经有了冰嬉。宋代王应麟所撰《玉海》"唐鱼藻池"中说："顺宗纪：侍宴鱼藻宫，张冰嬉彩舰，宫人为棹歌。"在唐顺宗时代，长安城禁苑大型湖泊鱼藻池，为皇室大型养鱼、划船、赏景、赛舟之地，曾经举办过"冰嬉"的活动。明清时代，冰嬉成为皇家冬季的体育、军事训练项目。故宫博物院所藏的清代乾隆时期著名画家金廷标所绘的《冰戏图》，描绘的就是清朝宫廷冰嬉的盛大场面。冰嬉活动多在春节期间集中进行表演，如冰上舞龙、舞狮、跑旱船、滑冰、冰雕、冬泳等活动，受到群众的广泛欢迎。

在农历正月初一至初五的春节期间，家家户户会燃放爆竹。南朝梁代宗懔（lín）撰写的《荆楚岁时记》中说："正月初一鸡鸣而起，先于庭前爆竹以辟山臊（sāo）恶鬼。"西汉东方朔撰写的《神异经》中说："西方深山中有人焉，其长丈余，人脸猴身，性不畏人，犯之令人寒热，畏爆竹。"由此可知燃放爆竹，最早是为了吓跑山神、保佑家庭平安和不受病魔侵害。北宋政治家王安石的《元日》诗中有："爆竹声中一岁除，春风送暖入屠苏。千门万户曈曈（tóng）日，总把新桃换旧符。"爆竹声声，辞旧迎新，寄托了人们对新年的祝福。今天社会上采取禁放爆竹等新的管理措施，以避免爆竹燃放过多而造成环境污染，体现了社会的发展进步。

⊙ 小寒与农事、生态资源保护

关于小寒的农业谚语："小寒不寒，清明泥潭。"说明小寒与清明的气象变化有对应的关系。"小寒大寒，冻成一团。"就是说，小寒若是变成大寒的反常天气，会寒冷得让人受不了。"冷在三九，热在中伏。"2020年"三九"，在公历1月9—17日。2020年"中伏"，在公历7月26—8月14日。"大雪年年有，不在三九在四九。"2020年"四九"，在1月18—26日。"腊月大雪半尺厚，麦子还嫌被子不够。""腊月"，指农历十二月。"牛喂三九，马喂三伏。"大寒、酷热时节，牛、马体力损伤太大，要特别注意加强营养。"腊月三场雾，河底踏成路。"这里是说，天寒地冻的十二月，如果没有雨雪，只是下雾，就会是大旱之年。

《淮南子·时则训》中记载：在季冬时节，要请出"土牛"，劝民耕作。命令渔官开始捕鱼，天子亲自去进行"射鱼"活动。命令百姓取出五种谷物，指导农民从事耕作；修理好耒耜等农具，准备好种田器具。命令农民安静下来，不要从事劳作之事。天子和公卿大夫一起修治国家法令制度、研讨时令变化，以便制定来年更加适应的政令。

⊙ 小寒美食与养生

小寒节气中重要的民俗是吃"腊八粥"。腊八，就是农历十二月初八。清代富察敦崇撰写的《燕京岁时记·腊八粥》中记载："腊八粥者，用黄米、白米、江米、小米、菱角米、栗子、红豇豆、去皮枣泥等，和水煮熟，外用染红桃仁、杏仁、瓜子、花生、榛（zhēn）穰（ráng）、松子及白糖、红糖、琐琐葡萄，以作点染。"清代京城制作的腊八粥，光是用料就有17种。

腊八粥的来源，传说之一是，明朝开国皇帝朱元璋出生在濠州钟离（今安徽凤阳），由于灾荒、战乱、瘟疫，家境极为贫困，小时候讨饭的时候，在老鼠洞里扒出了一些粮食，煮熟充饥。朱元璋浴血奋战17年，建立了明朝。即位以后，他让家乡厨师煮粥，时间正在腊月初八，便称为"腊八粥"。明朝吕毖（bì）所撰《明宫史》卷四中记载："十二月初八日，吃腊八粥。"

陈抟《二十四式坐功图》中记载："小寒十二月节坐功：每日子丑时，正坐，一手按足，一手上托，挽首互换，极力三五度，叩齿，吐纳，漱咽。"

⊙ 小寒与文化

流传的唐代诗人元稹《小寒》诗中写道：

小寒连大吕，欢鹊垒新巢。

拾食寻河曲，衔紫绕树梢。

霜鹰近北首，雏雉隐丛茅。

莫怪严凝切，春冬正月交。

应该指出，"小寒"连接"大吕"，对应的当是"应钟"，出自《淮南子·天文训》，"大吕"用错了，与"应钟"相隔11个音律。"垒新巢"，采用第二候"鹊始巢"。"拾食""衔紫"，拾来食物，衔来紫荆，准备搭巢过冬。"霜鹰"句，和第一候"雁北乡"意思相近。"雏雉"句，和第三候"雉始雊"内容相同。"严凝"，指天气严寒，河流凝结。不要责怪严冬逼近，冬天、春天即将在正月交汇。

这首诗的特点是，把二十四节气、十二音律、七十二候、十二月令与"小寒"节气，密切相连，有机结合。

宋代文学家黄庭坚《驻舆遣人寻访后山陈德方家》，是一首描写小寒时节长江、九江、庐山景色的七言绝句，诗句优美，景色迷人，比喻奇特：

江雨濛濛作小寒，
雪飘五老发毛斑。
城中咫尺云横栈，
独立前山望后山。

小寒时节，浩瀚的大江，冷雨蒙蒙。雪花飘扬的庐山五老峰，就像毛发斑白的五个老人。云层横压在九江城中，近在咫尺。我独自站在前山，远望着后山的友人到来。可见，黄庭坚思念友人的心情十分迫切。

大寒

第三个节气

◆瑞香花

大寒，在公历每年1月20日或21日，太阳到达黄经300°时开始。

《淮南子·天文训》中记载：

加十五日指丑，则大寒，音比无射。

意思是说，小寒增加十五日指向丑位，那么便是大寒，相对应的是十二律中的无射（yì）。

《汉书·律历志下》中说："玄枵（xiāo），中危初，大寒。于夏十二月，商为正月，周为二月。"

《后汉书·律历下》中记载："十二月，大寒。大寒，虚五度，十四分进二。"

清代李光地等撰写的《御定月令辑要》中说："《三礼义宗》：大寒为中者，上形于小寒，故谓之'大'。十一月，一阳爻初起，至此始彻。阴气出地方尽，寒气并在上，寒气之逆极，故谓之大寒。"这时我国大部分地区处于一年中最寒冷的时期。

《周髀算经·二十四节气》中记载日影的长度："大寒，丈一尺五寸一分，小分四。"

《周礼注疏》中说："十二月，小寒节，大寒中。"就是说，小寒、大寒，安排在农历十二月。

⊙ 大寒与物候

明代黄道周撰写的《月令明义》中记载，大寒时节的物候现象：

鸡始乳，征鸟厉疾，水泽腹坚。

第一候，"鸡始乳"。意思是说，这时候鸡开始生蛋孵卵。

古代训诂学词典《广雅·释诂》中说："乳，生也。"就是下蛋的意思。《吕氏春秋·季冬纪》高诱注解中说："乳，卵也。"意思是，鸡孵卵。

第二候，"征鸟厉疾"。意思是说，鹰隼（sǔn）疾飞，捕食动物，补充能量，抵御严寒。

对于这一"候"，古代学者解释不同。

《吕氏春秋·季冬纪》东汉高诱注中说："征，犹飞也。厉，高也。言是月群鸟飞行，高且疾也。"指的是群鸟高飞。

《礼记·月令》唐代孔颖达的"疏"中说："厉，严猛。疾，捷速也。"有猛烈而迅速的意思。

"征鸟"，指鹰隼（sǔn）之类。"厉疾"，有迅猛快捷的意思。

第三候，"水泽腹坚"。"腹"，是"厚"的意思。这句话说的是，水泽冰冻，一直冻到水的中央，冰层又厚又硬。

清代富察敦崇撰写的《燕京岁时记·拖床》中记载："冬至以后，水泽腹坚，则什（shí）刹（chà）海、护城河、二闸等处，皆有冰床。"

在这个月里，古代开始凿冰、储冰。《诗经·国风·豳风·七月》中说："二之日凿冰冲冲，三之日纳于凌阴。"意思是说，十二月凿冰嗵嗵响，正月里食物冰窖藏。可以知道，在2500多年前，古人在冬季开始凿冰，保藏在冰窖中，用于冷冻食物，夏季用来防暑降温。

⊙ 大寒与民俗

在民俗中，大寒时节冰天雪地、天寒地冻。

古今民间有祭祀灶神的习俗。其中一种说法是，灶神就是炎帝，也就是神农，主管百姓饮食。《淮南子·原道训》中说："神农之播谷也，因苗以为教。"神农是古代农业的发明家，贡献巨大。人民为了感戴他的恩德，便树立其为灶神。《氾论训》中说："炎帝作火，死而为灶。"高诱注中说："炎帝，神农，以火德王天下，死托祀为灶神。"可见，祭祀灶神的历史非常悠久。

"腊月二十三，灶王爷上天。"唐代杭州诗人罗隐所作《送灶》中说："一盏清茶一缕烟，灶君皇帝上青天。玉皇若问人间事，为道文章不值钱。"这首诗带有文人戏谑的味道。宋代范成大的《石湖诗集·祭灶词》中写道："古传腊月二十四，灶君朝天欲言事。云车风马小留连，家有杯盘丰典祀。猪头烂热双鱼鲜，豆沙甘松粉饵圆。男儿酌献女儿避，酹酒烧钱灶君喜。"范成大的诗中，把民间祭祀灶神的欢乐、喜庆、虔诚而隆重的气氛，生动地描绘了出来。

民间的"小年"和祭灶，都在同一天。"小年"，在北方地区是腊月二十三，部分南方地区是腊月二十四。称为"小年"，标志旧、新一年的更替。宋代爱国政治家文天祥所撰的《文山集》卷二十《二十四日》中写道："春节前三日，江乡正小年。"他在被囚禁之中，表达了对家乡的深深思念。

节庆中最重要的是除夕，俗称"过大年"，是中国人一年中最为重要的节日。除，是"去""离开"的意思，引申为"更新"。除夕，有除旧更新之义，旧岁离去，迎来新年。"除夕"的名称，最早见于晋代周处的《岳阳风土记》："至除夕，达旦不寐，谓之守岁。"宋代孟元老所撰《东京梦华录》卷十"除夕"中说："是夜禁中爆竹山呼，声闻于外。士庶之家，围炉团座，达旦不寐，谓之守岁。"除夕之夜，全家吃团圆饭、守岁、娱乐等民间习俗，流传至今。

⊙ 大寒与农事、生态资源保护

与"大寒"相关的农事和农谚有："小寒大寒不下雪，小暑大暑田开裂。"这里说，两"寒"

节气如果不下雪，对应的两"暑"时节，旱情就会非常严重。"小寒大寒，冷成冰团。"这里说，两"寒"节气，特别寒冷。"大寒小寒，无风自寒。"两"寒"节气，就是不刮风，天气也特别寒冷。"大寒不寒，春分不暖。大寒不寒，人马不安。"这里说，"大寒"时节温度过高，"春分"的时候就很寒冷；因为节令失调，人类、动物都会不得安宁。"冬至在月尾，大寒正二月。过了大寒，又是一年。"正常年份，冬至在十一月中，大寒在十二月中。如果有闰年，大寒可能在二月。按照正常顺序，过了大寒，就到了正月的"立春"节气，进入新的一年。

《淮南子·时则训》中说，在这个月里，太阳在十二次的运行结束，月亮也在故道运行终结，经行二十八宿一个周期，第二年将要重新开始。要开始第二年的各种农事、种子、农具等准备工作。自然界的各种植物、动物，大多处于相对静止和休眠状态，以便孕育新的生机。这时要举行各种祭祀仪式，感戴上天、大地和祖先的恩德。这也成为中华民族世代传承的美德之一。

⊙ 大寒美食与养生

大寒时节的饮食与养生习惯中，人们爱吃的是八宝饭。传统的八宝饭，多指香米、糯米、红枣、绿豆、红豆、莲子、枸杞和花生等食材。现在一般是把糯米蒸熟，拌上糖、油、桂花，加入红枣、薏米、莲子、桂圆等配料，蒸熟后再浇上糖卤汁而做成。味道甜美、营养丰富，成为节日佳肴。

陈抟《二十四式坐功图》中记载："大寒十二月中坐功：每日子丑时，两手向后，踞床，跪坐，一足直伸，一足用力左右，各三五度，叩齿，漱咽，吐纳。"

⊙ 大寒与文化

1936年2月5日至20日，毛泽东和彭德怀率领红军长征部队到达陕北清涧县高杰村袁家沟一带，毛泽东视察地形，登上白雪皑皑的高原，感慨万千，欣然命笔，写下大气磅礴、气势雄伟的《沁园春·雪》。这首词最早发表于1945年11月14日重庆《新民报晚刊》，又在1957年1月号《诗刊》重新发表。

清代康熙五十四年颁定的《御定词谱》中记

载："沁园春，双调，一百十四字。前段十三句，四平韵。后段十二句，五平韵。"这首《沁园春·雪》，完全符合词律的要求。

> 北国风光，千里冰封，万里雪飘。
>
> 望长城内外，惟余莽莽；大河上下，顿失滔滔。
>
> 山舞银蛇，原驰蜡象，欲与天公试比高。
>
> 须晴日，看红妆素裹，分外妖娆。

这首词的上阙写北国风光，长城、大河、高原，冰封千里，雪飘万里，大"山"像在"舞"蹈，高"原"像在奔"驰"，想和老天比个高下，这是何等的英雄气魄。而在"晴"天，"红装素裹"，更加"妖娆"，充满了对大好河山的深情挚爱。

> 江山如此多娇，引无数英雄竞折腰。
>
> 惜秦皇汉武，略输文采；唐宗宋祖，稍逊风骚。
>
> 一代天骄，成吉思汗，只识弯弓射

大雕。

俱往矣，数风流人物，还看今朝。

下阙评价历史人物：可惜的是，秦始皇、汉武帝，"文采"要差一些；唐太宗、宋太祖，"风骚"也不够；成吉思汗，只会骑马射"大雕"。这些一代帝王，全部消逝了。而真正文武齐备的"风流人物"，还在今天。

当代诗人柳亚子《沁园春·雪》的"跋"文中说："毛润之《沁园春》一阕，余推为千古绝唱，虽东坡、幼安，犹瞠乎其后，更无论南唐小令、南宋慢词矣。"

大寒时节，北方寒潮频繁南下，我国大部分地区处于一年中的寒冷时期，宋代理学家邵雍的《大寒吟》，说出了大寒时节的壮美自然景观：

旧雪未及消，新雪又拥户。
阶前冻银床，檐头冰钟乳。
清日无光辉，烈风正号怒。
人口各有舌，言语不能吐。

这里写道：旧时的落雪没有来得及消融，新的大雪又堵住门户；台阶前成了冰冻的银床，屋檐上悬挂着冰雕的钟乳；清冷的太阳失去了光辉，暴烈的寒风正在呼号怒吼；人们口中的舌头，冻得不能够说话。

第九节

二十四节气：小、大"暑"

小暑
第十四个节气

◆ 木槿花

　　小暑，公历每年7月7日或8日，太阳到达黄经105°时开始。

　　《淮南子·天文训》中记载：

加十五日指丁，则小暑，音比大吕。

意思是说，夏至增加十五日，北斗斗柄指向丁位，那么便是小暑，它与十二律中的大吕相对应。

《汉书·律历下》中说："鹑火，初柳九度，小暑。"

《后汉书·律历下》中记载："小暑，柳三度，二十七分。"

元朝吴澄撰写的《月令七十二候集解》中说："小暑，六月节。《说文》曰：'暑，热也。'就热之中分为大、小，月初为小，月中为大，今则热气犹小也。"这里解释了小、大暑的来历。小暑处于初伏前后。

《周髀算经·二十四节气》中记载太阳日影的长度是："小暑，二尺五寸九分，小分一。"

《周礼注疏》中说："六月，小暑节，大暑中。"就是说，小暑、大暑两个节气，安排在农历六月。

⊙ 小暑与物候

根据明代黄道周撰写的《月令明义》记载，小暑的物候：

温风至，蟋蟀居壁，鹰乃学习。

第一候，"温风至"。温风，即暖风、热风。

对于这一"候"的记载，有两种不同的说法。

其一，解作"炎风"。《礼记·月令》也作"温风至"。《后汉书·张衡传》李贤注中说："温风，炎风也。"《月令明义》记载："《周训》曰：小暑之日，温风至。"

其二，解作"凉风"。《吕氏春秋·季夏纪》《淮南子·时则训》则作"凉风始至"。东汉高诱注中说："夏至后四十六日立秋节，故曰'凉风始至'。"

这两种说法没有矛盾。小暑时节，占主导地位的气候仍然是酷热天气；但是从夏至以后，凉风已经逐渐兴起了。

第二候，"蟋蟀居壁"。意思是说，蟋蟀羽翼稍微长成，要躲避热气，便躲在墙壁上。

《礼记·月令》唐代学者孔颖达的"疏"中说："蟋蟀居壁者，此物生于土中，至季夏羽翼稍成，未能远飞，但居其壁。至七月则能远飞在野。"《御定月令辑要》中也说："蟋蟀之虫，六月居壁中。至七月则在田野之中。""至十月入我床下。"古代对于昆虫"蟋蟀"的生活习性，进行了仔细地观察，得出了使人可信的结论。

第三候，"鹰乃学习"。意思是说，幼鹰开始学习飞行。

《大戴礼记·夏小正》中说："六月鹰始挚（zhì）。"就是说，六月鹰开始学习搏挚。《吕氏春秋·季夏纪》高诱注中记载："秋节将至，故鹰顺杀气自习肄（yì），为将搏鸷也。"这里说，幼鹰模仿着练习飞行，为以后的搏杀做好准备。习，《说文》中解释："数飞也。"就是多次练习飞行的意思。

⊙ 小暑与民俗

小暑的民间习俗中，最重视的是"伏日"。夏至后的第三个庚日是初伏；第四个庚日是中伏；立秋后第一个庚日是末伏。伏日有30天或40天的差别。"三伏"是全年气温最高、最潮湿、最闷热的日子。"伏"，有阴气隐伏的意思。《史记·秦本纪》唐代学者张守节"正义"中说："伏者，隐伏避盛暑也。"在《汉书·郊祀志上》中也记载："伏者，为阴气将起，迫于残阳而未得升，故为藏伏，因名曰伏日也。"《汉书·韦贤传》西晋学者晋灼注中说："六月、七月，三伏。"可见，避开三伏天的高温暴晒，是人类顺应自然、保护身体的重要举措。

古代伏日、腊日都要举行祭祀活动。西汉杨恽的《报孙会宗书》中写道："田家作苦，岁时伏腊，烹羊炮羔，斗酒自劳。"伏日祭祀的是五谷神。《淮南子·时则训》中说："是月也，农始升谷，天子尝新，先荐寝庙。"农作物开始收割了，收下的新鲜粮食，在天子品尝之前，要首先敬献给祖先的寝庙，感戴祖先的恩德。

古代对于"三伏"天的描写，也出现在文学作品中。魏代夏侯湛的《大暑赋》中写道："三伏相仍，徂（cú）暑彤彤。上无纤云，下无微风。"暑天开始了，大地就像大火在燃烧，没有一丝儿云彩，没有一点儿微风。晋代程晓的《伏日作》诗中写道："平生三伏时，道路无行车。闭门避暑卧，出入不相过。"描述百姓家门紧闭，躲避暑热的情景。

⊙ 小暑与农事、生态资源保护

小暑时节，农事繁忙。记载小暑的农谚很多，比如："小暑吃杧果。"小暑时节，热带水果杧果开始大量上市。"小暑温暾（tūn）大暑热。"就是说，小暑气候温和，大暑就会酷热。"小暑过，一日热三分。"过了小暑，一天比一天炎热。"小暑南风，大暑旱。"小暑如果刮南风，大暑的旱情会加重。"小暑打雷，大暑破圩。"这里说，如果小暑时节雷声隆隆，大暑时节就会暴雨倾盆，导致圩田决堤。"小暑热得透，大暑凉飕飕。"小暑时节热浪滚滚，大暑就会凉风习习。"暑伏不种薯，种薯不结薯。""过了小暑，不种玉蜀黍。""小暑种芝麻，当头一枝花。"这里是说，暑伏时节是种植玉米和芝麻、扦插薯类的最佳时机，错过了这个节气，种下的作物，可能就没有收成。"头伏萝卜二伏菜，三伏种荞麦。"三伏天，虽然挥汗如雨，却是种植萝卜、菜蔬、荞麦的关键时节。

《淮南子·时则训》中记载：在这个月里，命令掌管渔业的官员，猎取蛟龙、鳄鱼，捕取鼋来食用。命令掌管池泽的官员，可以收获芦苇等柴草。

在这个月里，施行宽缓的政令，悼念死者、慰问病者、探视长老、施舍饭食、礼葬死者，以便送万物的回归。

⊙ 小暑美食与养生

小暑的养生饮食中，以热汤面为上。晋代孙盛撰写的《魏氏春秋》中说："何晏以伏日食汤饼，取巾拭汗，面色皎然。"何晏是魏代的风云人物。酷热天、吃热面的反常举动，引起了示范效应。伏天吃热汤面，可以增进食欲，使身体出汗，避免中暑，促进血液循环，散热加快，真是养生的好方法。

这里的"汤饼"，就是热汤面，也叫面片汤，其实就是宽面条。南北朝梁代宗懔编写的《荆楚岁时记》中记载："六月伏日食汤饼，名为辟恶饼。"民间认为可以避除邪恶，实际上就是在暑天增加营养，预防疾病的产生。所以至今全国各地都有名目繁多的面条类食品，成为国人钟爱的家常食材之一。

陈抟《二十四式坐功图》中记载："小暑六月节坐功：每日丑寅时，两手据地，屈压一足，直伸一足，用力掣（chè）三五度，叩齿，吐纳，咽液。"

⊙ 小暑与文化

南宋的诗词高手陆游，在《苦热》诗中写道：

万瓦鳞鳞若火龙，日车不动汗珠融。

无因羽翮氛埃外，坐觉蒸炊釜甑中。

石硐寒泉空有梦，冰壶团扇欲无功。

余威向晚犹堪畏，浴罢斜阳满野红。

这里描写的"热"，真是达到了极致：屋顶上的万张瓦片，就像火龙身上的鳞片；拉着太阳的车子，一动不动，汗水如注。没有法子长出翅膀飞向天外，感觉就像坐在蒸笼里。山间的清泉流水多爽啊，这简直就是一场梦。冰壶呀，团扇呀，都没有功劳啦！晚上太阳的余威还让人害怕，沐浴完毕，看着斜阳，洒满了整个田野。

陆游诗作的比喻、用典有"火龙""日车""蒸炊釜甑"，十分贴切；丰富的想象有"羽翮""石涧寒泉"；描写现实生活的有"冰壶""团扇"；对小暑时节晚霞的描述有"斜阳满野红"。陆游《苦热》的诗作，把生活场景和浪漫情怀，有机地融为一体。

北宋的释契嵩在《夏日无雨》诗中，写到了酷热的暑天，山中长期干旱无雨，给百姓生活带来很大的困难，久旱盼甘霖：

山中苦无雨，日日望云霓。

小暑复大暑，深溪成浅溪。

泉枯连井底，地热亢蔬畦。

无以问天意，空思水鸟啼。

　　"山中"苦于没有下雨，天天向天空眺望。小暑接着大暑，"深溪"变浅了，泉眼干涸了，井底水干了，土地发热了，地里菜枯了，问问老天，这是怎么了？白白地在盼望着，水鸟能够发出叫声，雨水快点到来吧！

　　这首诗虽然明白如话，却充满着浓郁的生活气息。

大暑

第十五个节气

◆ 睡莲

大暑，公历每年7月22日或23日，太阳到达黄经120°时开始。正值"中伏"前后。

《淮南子·天文训》中记载：

加十五日指未，则大暑，音比太蔟。

意思是说，小暑增加十五天，北斗斗柄指向未位，便是大暑，它与十二律中的太蔟相对应。

《汉书·律历志下》："中张三度，大暑。于夏为六月，商为七月，周为八月。"

《后汉书·律历下》中记载："六月，大暑。大暑，星四度，二分进一。"

《周髀算经·二十四节气》中记载太阳日影的长度是："大暑，二尺五寸八分，小分二。"

《周礼注疏》中说："六月，小暑节，大暑中。"就是说，小暑、大暑，安排在农历六月。

《管子·度地》中记载："大暑至，万物花荣，利以疾薅（háo）杀草秽（huì）。"

《通纬·孝经援神契》中说："小暑后十五日，斗指未为大暑。六月中。小、大者，就极热之中，分为大、小，初后为小，望后为大也。"这里对"小暑"节气的北斗斗柄指向、干支、农历月份、小大的区别等，做了准确的介绍。

⊙ 大暑与物候

明代黄道周撰写的《月令明义》中记载，大暑的物候：

腐草化为萤，土润溽暑，大雨时行。

第一候，"腐草化为萤"。萤，指萤火虫。

这里有两种不同的记载。

其一，"化萤"说。萤火虫是卵生的昆虫，往往在腐败的枯草上产卵，大暑时节，卵化而出，古人认为是腐草变成了萤火虫，这是一种误解。《礼记·月令》中也有这样的记载："季夏之月，腐草为萤。"东汉郑玄注中说："萤，飞虫，萤火也。"

应该说，萤火虫是让人喜爱的。大诗人杜甫在《见萤火》诗中写道："巫山秋夜萤火飞，疏帘巧入坐人衣。"车胤"囊萤"苦读的故事家喻户晓。《晋书·车胤传》中说："家贫不常得油，夏月则练囊盛数十萤火以照书，以夜继日焉。"就是用白色的袋子，里面装上几十只萤火虫，利用发光来读书。萤火虫发光的原理：在萤火虫的腹部末端下部，有发光器。在呼吸时，就能使萤光素发出光亮。

其二，"马蚿"说。在《吕氏春秋·季夏纪》《淮南子·时则训》的记载中说："腐草化为蚈。"高诱《淮南子》注中说："蚈，马蚿（xián）也。一曰萤火。"蚈（qiān），也叫百足虫，节足动物，有细长的脚15对，能捕食小虫，有益农作物。《白氏长庆集》注中说："蚿，百足虫，似蜈蚣而小，能毒人。"

第二候，"土润溽暑"。溽（rù），《说文》中说："湿暑也。"这里说，盛夏酷热，土壤潮湿高温。

《吕氏春秋·季夏纪》高诱注记载："夏至后三十日大暑节，火王（wàng）也。润溽而漯（tà）重，又有时雨。烧薙（tì），行水灌之，如以热汤，可以成粪田畴，美土疆。"意思是说，在大暑时节，火气最盛，可以把杂草除掉，晒干，烧成灰，用热水灌到田里，成为增加土地肥力的最好举措。

大暑时节，最适合水稻等植物生长。

第三候，"大雨时行"。大雨，指暴雨、雷阵雨等。本句意思是，狂风暴雨等时常来临。

⊙ 大暑与民俗

大暑节气，民间有赏荷花的传统。盛夏六月，荷花盛开。

我国对荷花的记载很早。《诗经·郑风·山有扶苏》中写道："山有扶苏，隰（xí）有荷华。"意思是，山上生长着桑树，湿地开满了荷花。《陈风·泽陂》中也有："彼泽之陂，有蒲与荷。"在那湖泽的堤坝内，长满了蒲草和荷花。就是说，早在春秋时期，荷花已经成了诗人们歌咏的对象。

北宋理学家周敦颐的《爱莲说》，留下了这样的千古名句："予独爱莲之出淤泥而不染，濯清涟而不妖，中通外直，不蔓不枝，香远益清，亭亭净植，可远观而不可亵玩焉。"莲的高洁、莲的气度、莲的秀美、莲的志趣，跃然纸上。

当今赏荷的胜地，有北京的什刹海。清代沈太侔撰写的《春明采风志》中说："什刹海，地安门迤西，荷花最盛。六月间士女云集，皆在前海之北岸。同治间忽设茶棚，添各种玩意。"北京颐和园，也是当今京城最著名的观赏荷花的地方。大暑时节，泛舟昆明湖，这里到处是荷花的世界：翠盖红花，香风阵阵；碧波荡漾，万绿流翠。

杭州西湖荷花，天下闻名。早在南宋时期，著名词人柳永在《望海潮》中写道："重湖叠巘（yǎn）清嘉，有三秋桂子，十里荷花。羌管弄晴，菱歌泛夜，嬉嬉钓叟莲娃。"意思是说，里湖、外湖和重叠的山岭，清秀美丽。三秋时候，桂花飘香；暑夏季节，十里荷花。晴朗天气，吹起悠扬的羌笛；夜色朦胧，唱起美妙的菱歌；钓鱼的老翁、采莲的姑娘，人人喜笑颜开。

宋代诗人杨万里也在《晓出净慈送林子方》诗中写道："毕竟西湖六月中，风光不与四时同。接天莲叶无穷碧，映日荷花别样红。"无穷无尽碧绿的莲叶，同蓝天相连接；在阳光的映照下，朵朵鲜红的荷花，那样的娇艳美丽。这里展现的是西湖荷花最美丽的画卷。

⊙ 大暑与农事、生态资源保护

大暑时节的农事和农谚有"大暑热不透，大热在秋后。"这里说，大暑天热度不够，立秋以后就会大热。这就是常说的"秋老虎"。"大暑不暑，五谷不起。大暑无酷热，五谷多不结。"暑天就要炎热，否则五谷就不能成熟。"大暑连天阴，遍地出黄金。"就是说，暑天结束，连续阴天，就会大丰收。"小暑不见日头，大暑晒开石头。"这里讲的是小暑、大暑的对应关系。小暑是阴天，大暑会暴热。"小暑大暑不热，小寒大寒不冷。"这里说，小、大"暑"和小、大"寒"四个节气之间，具有一定的对应联系。"小暑吃黍，大暑吃谷。"黍子在小暑时节收获，谷子在大暑时候收获。

《淮南子·时则训》中说：在这个月里，树木生长旺盛，不准砍伐。土地潮湿，气温升高，常有雷阵暴雨，有利于砍草沤制肥料，将粪肥施到田间，来增加土地的肥力。

在这个月里，不能够会盟诸侯，不兴办土木工程，不劳动大众，不兴起兵戈。

命令女官染织衣服，白黑、青赤等各种纹饰，两两搭配；青黄白黑，色彩鲜明，没有不是质地优良的。

⊙ 大暑美食与养生

大暑饮食与养生习惯中，一般喜用莲藕类食品。夏天常用莲子汤，能清热解毒、补中强志、养神益脾。宋代药学家唐慎微撰写的《证类本草》中，引用南朝梁代医学家陶弘景《太清诸草木方》记载："七月七日采莲花七分，八月八日采莲根八分，九月九日采莲实九分，阴干捣筛服，方寸匕（bǐ），令人不老。"就是说，莲花、莲藕、莲子，按照各取七、八、九分的比例，阴干捣碎成粉，用筛子筛过，用一寸见方的勺子，每次服用一勺，可以延缓衰老。

清代潘荣陛撰写的《帝京岁时记胜》中说："六月盛暑，食饮最喜清新。京师莲食者二：内河者嫩而鲜，宜承露，食之益寿；外河坚而实，宜干用。"记载了莲子的不同品质。徐珂撰写的《清稗类抄》中说："京师夏日，鲜莲子之类，杂置小冰块于中"宴客。

陈抟《二十四式坐功图》中记载："大暑六月中坐功：每日丑寅时，双拳踞地，返首向肩，引作虎视，左右各三五度，叩齿，吐纳，咽液。"

⊙ 大暑与文化

魏朝建安文学家王粲、曹植、刘桢等人，都写有《大暑赋》，其中"才高八斗"的曹植写的最为著名。前面几句：

炎帝掌节，祝融司方；
羲和案辔，南雀舞衡。

映扶桑之高炽，燎九日之重光。

大暑赫其遂蒸，元服革而尚黄。

炎帝，就是神农氏。祝融，为南方火神。羲和，掌管天象历法。南雀，即南方朱雀，主管南方七星。扶桑，太阳升起的地方。意思是说，炎帝主掌节令，祝融管理四方。羲和拉着太阳的车子，南方朱雀舞蹈在衡宇。辉映着扶桑树高高的炽热，燎烤着九个太阳的重重光芒。大暑天赫然的蒸腾着，黑色的服饰热得不行，而变成了时尚的黄色。可见，曹植的《大暑赋》，大气磅礴、内涵丰富、用韵铿锵、句式严整，确实是才子之笔。

唐代大诗人杜甫，55岁时写给表弟崔评事的诗，名称是《毒热寄简崔评事十六弟》。题目叫"毒热"，可知暑热已经达到了极点。前面四句写道：

大暑运金气，荆扬不知秋。

林下有塌翼，水中无行舟。

在金、木、水、火、土五行中，夏天的"大暑"，属于"火"；其后的"立秋"，属于"金"。虽然节气已经运转到了秋天，但是杜甫所在的"荆扬"，就是夔州，仍然是酷热难当。树林子下面，只有一个"塌翼"即垂下翅膀的诗人，而水中连行船的人都躲了起来。

大诗人的手笔确实不寻常，凝练的几句诗，就把当时的时间、气象、地域、境遇等，以及年老多病、漂泊之苦，传达给了远方的亲戚，表达了自己深切的思念之情。

第十节
二十四节气：雨水、惊蛰

雨水

第五个节气

◆梅花

　　雨水节气，在公历每年2月19日或20日，太阳到达黄经330°时开始。

　　《淮南子·天文训》中记载：

加十五日指寅，则雨水，音比夷则。

意思是说，立春增加十五日，北斗斗柄指向寅位，便是雨水，它与十二律中的夷则相对应。

《汉书·律历志下》："降娄，初奎五度，雨水。今曰惊蛰。"

《后汉书·律历下》中记载："正月，雨水。雨水，室八度，二十八分进三。"

《周髀算经·二十四节气》中记载太阳日影的长度是："雨水，九尺五寸三分，小分二。"

《周礼注疏》中说："一年之内有二十四节气。正月，立春节，雨水中。"就是说，立春、雨水两个节气，安排在农历正月。

元代吴澄撰写的《月令七十二候集解》中说："正月中。天一生水，春始属木，然生木者，必水也，故立春后继之以水，且东风既解冻，则散而为雨水矣。"这里用五行相生理论，解释"立春"之后是"雨水"的原因。

⊙ 雨水与物候

根据明代黄道周撰写的《月令明义》记载，雨水时节的物候现象是：

獭祭鱼，鸿雁来，草木萌动。

第一候，"獭祭鱼"。獭（tǎ），指水獭，善于游泳和潜水，吃鱼、青蛙等，皮毛棕色，特别珍贵。

《淮南子·时则训》高诱注中说："是月之时，獭祭鲤鱼于水边，四面陈之，谓之祭鱼。"《御定月令辑要》中说：原《礼》"獭祭鱼"注："此时鱼肥美，獭将食之，先以祭也。"这条记载，赋予了"水獭"讲究儒家"仁""礼"的理念。实际上是，雨水时节，鱼儿肥美，水獭捕到的食物太多，根本吃不了，吃了几口，便扔到了岸边，好像要祭祀一样。

第二候，"鸿雁来"。意思是大雁开始从南方向北方迁徙。

这条记载也有分歧。

其一，《礼记·月令》中记载"鸿雁来"。东汉学者郑玄注中说："雁自南方来，将北反其居。"

其二，《吕氏春秋·孟春纪》和《淮南子·时则训》记载"候雁北"。《孟春纪》高诱注中说："候时之雁，从彭蠡（lǐ）来，北过北极之沙漠也。方春非雁来之时。"彭蠡，就是当今洞庭湖。

两家记载，可能所处的视野不同。从北方的角度说，是"南来"。从南方的角度说，是向"北"。两家所说都是正确的。鸿雁飞向北方，飞过沙漠，有的飞到中国青海湖鸟岛，有的飞到俄罗斯贝加尔湖一带，繁殖育雏。

第三候，"草木萌动"。指草木开始发芽。天地间阴阳交泰，草木乘此生机，开始萌动。

⊙ 雨水与民俗

雨水时节的民俗，女子传统有"回娘家"，也叫"回娘屋"，也就是回到自己出生的地方。到了雨水节气，出嫁在外的女儿，带上一些有意义的礼物，回到娘家拜望父母。生育了孩子的女子，一般要带上罐罐肉、椅子等礼品，感谢父母的养育之恩。这在四川西部等地区，十分流行。奉养父母，子女有责。

雨水节气到来，女婿还有"接寿"的民俗。女婿要给岳父岳母送上礼品。礼品通常是两把藤椅，上面缠着一丈二尺长的红带，这叫作"接寿"，意思是祝福岳父岳母健康长寿。这两件事体现了中国人的传统美德：百善孝为先。

⊙ 雨水与农事、生态资源保护

雨水节气，对于农事非常重要。常见的农谚有："春雨贵如油。"就是说，开春以后，各种农作物都需要雨水浇灌。"七九河开，八九雁来。七九六十三，路上行人把衣宽。"这是"九九歌"中的有趣内容，把节气、气象、物候、生产活动等，都编成了歌谣。"麦田返浆，抓紧松耢（pǎng）。麦子洗洗脸，一垄添一碗。"这里说，越冬小麦正是生长期，需要松土、浇返青水，确保农业丰收。"蓄水如囤粮，水足粮满仓。"要趁着雨水的节气，把水库、池塘等蓄满水，以保障充足的农业用水。

《礼记注疏》中说："此阳气蒸达，可耕之候也。"就是说，这个节气里，最适宜耕种田地。

《淮南子·时则训》中说，在这个月里，政事有：命令刑狱之官、赦免罪行较轻的罪犯、脱去束缚犯人的刑具。目的是让他们参加农业生产。对于老幼：要抚育幼小，存恤孤独。就是要帮助年幼和鳏寡孤独的人。要应对雨水万物滋长的节气：能够使仲春生长的阳气，充分通达到草木和一切生物。

⊙ 雨水美食与养生

雨水节气的饮食和养生习惯是吃春饼。春饼类似春卷。用麦面烙制或蒸制的薄饼，通常在里面卷上菜肴，味道更好。唐代诗人杜甫在《立春》诗中写道："春日春盘细生菜，忽忆两京梅发时。""春盘"，其中一种是把葱、蒜、韭、蓼、芥等时新菜蔬，配上其他食材，合为一盘，与"春饼"一起食用，味道更好。可以知道，唐代都城长安、洛阳，立春、雨水时节，流行"春饼"美食。元代孙国敉（mǐ）撰写的《燕都游览志》中说："凡立春日，于午门外赐百官春饼。"清代富察敦崇编写的《燕京岁时记》也记载："打春，是日富家多食春饼。"

陈抟《二十四式坐功图》中记载："雨水正月中坐功：每日子丑时，叠手按髀，转身拗颈，左右耸引，各三五度，叩齿，吐纳，漱咽三次。"

⊙ 雨水与文化

唐肃宗上元二年（761年）的春天，颠沛流离的诗人杜甫已经50岁。他在成都草堂定居两年，自己耕作，种菜、种树、养花，交农民朋友，深知春雨的宝贵，写下了一首饱含深情和哲理的诗作《春夜喜雨》：

好雨知时节，当春乃发生。
随风潜入夜，润物细无声。
野径云俱黑，江船火独明。
晓看红湿处，花重锦官城。

意思是说，正当春天需要雨水的时候，及时雨就马上降落。在夜晚悄悄地随着风声落下，无声无息地滋润着万物。田野小径的天空黑云笼罩，江中的渔火独放光明。天亮看到浸湿的花朵，锦官城的鲜花更加沉重。

"润物细无声"，自然造化就是这样，给予大地，给予万物，给予人类，却毫无声息，不向天地索取，不让百姓知道，不要求回报，这就是大德，这就是最高的精神境界。

唐宋八大家之一的韩愈，他笔下的春雨又与众不同。他在《早春呈水部张十八员外二首》"其一"中写道：

天街小雨润如酥，草色遥看近却无。

最是一年春好处，绝胜烟柳满皇都。

这首诗写于唐穆宗长庆三年（823年）的春天，当时韩愈56岁，担任吏部侍郎。韩愈的任职时间并不长，但是能够发挥作用，很是高兴。他所看到的是这样一番景象：

长安城街上的小雨润滑如酥，远望草色连成一片，近看还没有长成。一年之中最美的就是早春的景色，远远胜过烟柳满城的晚春。

韩愈赞美的，是经过寒冬的洗礼，春草露出嫩芽，首先报告春天信息的到来，它代表着希望、美好和未来。

惊蛰

第六个节气

◆桃花

"惊蛰"在二十四节气中的排序，西汉之时，曾经出现过两种说法，并且引起后人的争论。东汉以后，则全部采用《淮南子·天文训》的科学排序方法。

第一种排序，"惊蛰"是在农历二月节，在公历每年3月5日或6日，太阳到达黄经345°时开始。

《淮南子·天文训》中记载：

十五日指甲，则雷惊蛰，音比林钟。

意思是说，雨水增加十五日，北斗斗柄指向甲位，那么雷声响起，惊蛰到来，它与十二律中的林钟相对应。

《后汉书·律历下》中记载："惊蛰，壁八度，三分进一。"

《周髀算经·二十四节气》中记载太阳日影的长度是："启蛰，八尺五寸四分，小分一。"

《周礼注疏》中说："二月，启蛰节，春分中。"就是说，启蛰、春分两个节气，安排在农历二月。

《旧唐书·历志》中记载："开元大衍历经：惊蛰，二月节。"

元代吴澄撰写的《月令七十二候集解》中记载：

"二月节。万物出乎震，震为雷，故曰'惊蛰'，是蛰虫惊而出走矣。"（按：《淮南子·天文训》中的"惊蛰"，与《周易》中"大壮"相对应，不对应"震"卦。）

清代李光地等撰写的《御定月令辑要》中说："《四时气候》：立春以后，天地二气合同，雷欲发生，万物蠢动，蛰虫振动，是为惊蛰。乃二月之气。"

吴澄、李光地对"惊蛰"的命名、月份、八卦的"震"卦、"雷"的成因等，做了详细介绍，内容完整而科学。

以上文献告诉我们，雨水以后，就是惊蛰，归于二月节。它在二十八宿中的位置、日影的长度等，都有科学的定位。

第二种排序，《汉书·律历志》记载的刘歆（前50—公元23年）的《三统历》，把"惊蛰"排在"正月中"，紧接在"立春"之后。这是唯一的一次排序。

此后，《汉书·律历志》《后汉书·律历志》《周髀算经·二十四节气》等一系列文献，重新把"惊蛰"放在"雨水"之后，回到"二月节"，恢复了《淮南子·天文训》的排序原貌。

刘歆为什么要这样排序呢？就是因为这个"惊蛰"。这样做的目的是什么？

"惊蛰"，最早见于《大戴礼记·夏小正》："正月：启蛰。言始发蛰也。雁北乡。雉震呴（gòu）。正月必雷，雷不必闻，惟雉为必闻。"（其中的"启"字，为了避开汉景帝刘启的"启"字讳，《淮南子·天文训》改为"惊"。）《夏小正》的理论依据是：正月必定打雷，雷声就会使冬眠的动物苏醒，所以叫"启蛰"。应该指出，这是《夏小正》中唯一的提到与《淮南子·天文训》相接近的节气名称。但是，它还不具备"惊蛰"的完整科学内涵。

感谢东汉学者班固的《汉书·律历志下》，其中保留了西汉末期刘歆《三统历》的说法，但是随即又用小字加以纠正。《汉书·律历志下》中说："诹（zōu）訾（zī），初危十六度，立春。中营室十四度，惊蛰。今曰雨水。于夏为正月，商为二月，周为三月。"就是说，《三统历》把立春、惊蛰排在农历一月，而班固则指出，"惊蛰"在东汉时已经改为"雨水"了。

对于刘歆编造《三统历》，仅仅依据一个"启蛰"，制造了一个不合科学常识的二十四节气，他的目的就是想通过复旧、为王莽篡汉制造舆论。他的后果很严重，造成了人们对二十四节气体系的误解，形成了先秦时代存在二十四节气的假象。《礼记注疏》中孔颖达解释说："郑（玄）以旧历正月启蛰即'惊'也，故云汉（按：疑指汉武帝《太初历》，已经失传）始以'惊蛰'为正月中。但蛰虫正月始'惊'，二月大'惊'，故在后移'惊蛰'为二月节，雨水为正月中。"东汉大学者郑玄指出，把"惊蛰"放在"正月"，这是不符合蛰虫冬眠的时间规律的。

南朝宋代范晔编写的《后汉书·律历志》中，对刘歆《三统历》中的这个失误，加以改正，把立春、雨水放在一月，"惊蛰"排在二月节。这样就拨乱反正，仍然采用《淮南子·天文训》名称、顺序和理论依据，并且一直沿用到今天。

⊙ 惊蛰与物候

根据明代黄道周撰写的《月令明义》记载，惊蛰节气的物候：

> 桃始华，仓庚鸣，鹰化为鸠。

第一候，"桃始华"。意思是说，桃树惊蛰时开始开花。

《吕氏春秋·仲春纪》东汉高诱注中说："桃李之属皆舒华也。"就是说，桃树、李树在惊蛰时都舒展开花了。

明代李时珍在《本草纲目·果部》第二十九卷中，对"桃"的种类和药用价值，进行了详细的介绍："时珍曰：桃品甚多，易于栽种，且早结实。其花有红、紫、白、千叶、二色之殊，其实有红桃、绯桃、碧桃、缃桃、白桃、乌桃、金桃、银桃、胭脂桃，皆以色名者也。有绵桃、油桃、御桃、方桃、匾桃、偏核桃，皆以形名者也。有五月早桃、十月冬桃、秋桃、霜桃，皆以时名者也。〔主治〕作脯食，益颜色。肺之果，肺病宜食之。"可见，"桃"的养生价值，确实是很高的。

第二候，"仓庚鸣"。

《诗经·豳风·东山》中记载："仓庚于飞，熠（yì）燿（yào）其羽。"意思是，黄鹂在天空飞翔，阳光下羽毛发光。仓庚，古代名称很多，各地称呼不同。中国第一部名物词典《尔雅·释鸟》中说："商庚、黎黄，楚雀也。"齐人称为抟（tuán）黍，秦人称它为黄琉璃。豳、冀一带称为黄鸟。可见，古人非常重视仓庚的到来。黄鹂鸣叫，就进入到了春耕季节。唐代杜甫《绝句》中写道："两个黄鹂鸣翠柳，一行白鹭上青天。"黄鹂鸣叫，白鹭飞翔，这是多么美好的春天。

第三候，"鹰化为鸠"。

宋代罗愿《尔雅翼》中还说："盖鹰正月则化为鸠，秋则鸠化为鹰。"鹰、鸠的互相转化，这是古人的误解。

"鹰"是猛禽，有苍鹰、赤腹鹰、雀鹰等种类。苍鹰捕食其他鸟类及小兽类。唐代诗人白居易《放鹰》诗中说："鹰翅疾如风，鹰爪利如锥。"利爪，勾嘴，视力强，飞行快，这就是鹰的特性。

鸠，古代有"五鸠"，即祝鸠、雎鸠、鸤鸠、鹘鸠、鹘鸠等，属于鸠鸽科。常见的有斑鸠。《吕氏春秋·仲春纪》高诱注中说："鸠，盖布谷鸟也。"唐代药物学家陈藏器《本草拾遗》中记载"鸤鸠"时说："江东呼为郭公。农人候此鸟鸣，布种其谷矣。"在农耕社会，观察物候，适时播种，这应该是重视"鸠"的原因之一。在今天看来，"鹰"和"鸠"虽然同属鸟类，但是种属根本不同。古代文献记载的"鹰""鸠"互化，这是根本不存在的。

⊙ 惊蛰与民俗

惊蛰的民俗是驱虫。春雷惊醒了害虫，农户在这一天拿着扫帚，到田间举行扫虫仪式；同时手持清香、艾草，熏遍家里的每个角落，希望能够驱走蛇、虫、蚊、鼠等害虫。

惊蛰到了，气温回升，各种病菌、病毒、昆虫等容易滋生疾病。为了祈求平安吉祥，必须赶走疾病灾祸。我国南方珠江三角洲一带，民间习俗又叫"打小人"。"小人"代表了凶祸。在香港，每年3月5日惊蛰"打小人"，还被香港民政事务局列为"非物质文化遗产"之一。香港湾仔鹅颈桥桥底，成为"打小人"比较集中的地方。每年惊蛰时节，桥底下便会出现不少男女观众，聚集起来"打小人"。

⊙ 惊蛰与农事、生态资源保护

惊蛰节气，在农业生产中，具有非常重要的作用。常见的农谚有："春雷响，万物长。"雷声阵阵，农作物开始萌芽生长。"二月打雷麦成堆。"就是说，二月份打雷下雨，对于越冬小麦的苗壮生长，非常有利。"冻土化开，快种大麦。大麦豌豆不出九。种蒜不出九，出九长独头。"这个节气里，是种植大麦、豌豆、大蒜的最好时机。"麦子锄三遍，等着吃白面。"冬小麦返青期到了，要锄地、施肥、浇水。"到了惊蛰节，耕地不能歇。"这时候要抓紧耕种田地。"核桃树，万年桩，世世代代敲不光。栽桑树，来养蚕，一树桑叶一簇蚕。"惊蛰时节，也是种植核桃树、桑树的好时节。

《淮南子·时则训》中说，在这个月里，不要使川泽的水源干涸，不要用完池塘的水；不能毁坏山林；不要干征伐、戍边等大事，以致妨碍农业生产；祭祀时不要使用处于生殖期的牲畜，换用圭璧，改用鹿皮、彩色丝帛来代替。

可见，为了保护生态资源，首先要保护好河流、池塘、川泽，保障有充足的水源，以免影响农业生产。其次是保护山林资源，树木等植物即将进入生长期。再次是充分保护劳动力资源，准备投入到农业生产中去，不要参与战争、戍边等大事。最后是保护处于生育期的牲畜，不能用来祭祀。

⊙ 惊蛰美食与养生

惊蛰时节，饮食与养生的习惯是吃梨。梨子多汁，既可食用，又可入药，被称为"百果之宗"。明代李时珍撰写的《本草纲目·果部》第三十卷中说："梨，［主治］：热咳，止渴。润肺凉心，消痰降火。"梨性寒味甘，有润肺止咳，滋阴清热的功效。

民间认为，"梨"的谐音"离"。（其实，上古音时代，二字并不同音。）惊蛰吃"梨"，可以让虫害远离庄稼，可以保护全年的好收成。

我国种植梨树，历史悠久。班固《汉书·货殖列传》中记载说："淮北、荥南、河济之间，千株梨，其人与千户侯等也。"南朝宋代郑缉之撰写的《永嘉记》中说："青田村人家多梨树。有一梨树，名曰官梨，大一围五寸，恒以贡献，名曰御梨。"可以知道，我国古代既有大面积种植，也有梨树之冠。

中国古今民间培育了大量优质梨的品种。当今中国四大名梨有：安徽砀山酥梨、新疆库尔勒香梨、山东莱阳梨、辽宁鸭梨，风味不一，各具特色。

陈抟《二十四式坐功图》中记载："惊蛰二月节坐功：每日丑寅时，握固转颈，反肘后向，颇掣五六度，叩齿六六，吐纳、漱咽两三。"

⊙ 惊蛰与文化

晋代著名山水田园诗人陶渊明，在《拟古》"其三"诗中，前面六句写道：

> 仲春遘时雨，始雷发东隅。
>
> 众蛰各潜骇，草木纵横舒。
>
> 翩翩新来燕，双双入我庐。

在诗人笔下，真是一片热闹的场面：春意盎然，一派生机；喜雨降临，雷声滚滚；动物苏醒，蠢蠢欲动；草木滋生，萌芽欲出；燕子飞来，入我旧居。惊蛰时分，春光明媚。

宋代诗词大家陆游的《春晴泛舟》，写出了春回大地、主人翁欣赏美景的愉悦心情：

> 儿童莫笑是陈人，湖海春回发兴新。
>
> 雷动风行惊蛰户，天开地辟转鸿钧。
>
> 鳞鳞江色涨石黛，嬝嬝柳丝摇麹尘。
>
> 欲上兰亭却回棹，笑谈终觉愧清真。

孩子们啊，不要笑话我是老年人，江河上春天泛舟，重新焕发起兴致。雷声阵阵，和风吹来，惊醒了庄户人家；开天辟地的变化，就像转动巨大的天轮。江面上波光粼粼，涨水淹没了黑色的礁石；柔弱的柳丝，摇动着鹅黄色柳絮。想上岸边亭子，还是回转船桨；嬉笑的谈论，最终觉得有愧于清新真实的美景。

　　这就是惊蛰时分江南水乡的美丽画卷。作者身临其境，欣赏大自然的风光，给人带来无穷的精神享受。

第十一节

二十四节气：清明、谷雨

清明

第八个节气

◆杜鹃花

清明，在公历每年4月4日或5日，太阳到达黄经15°时开始。

《淮南子·天文训》中说：

明庶风至四十五日，清明风至。

《淮南子·地形训》中记载：

东南曰景风。

立夏时的东南风，温暖而清新。叫"清明风"，又叫"景风"。清明的节气名称，应该是由"八风"的名称转化而来。

《淮南子·天文训》记载说：

加十五日指乙，则清明风至，音比仲吕。

意思是说，春分增加十五日，北斗斗柄指向乙位，清明之风吹来，它与十二律中的仲吕相对应。

《汉书·律历志下》中说："中昴八度，清明。今曰谷雨。于夏为三月，商为四月，周为五月。"

《后汉书·律历下》中记载："清明，胃一度，十七分退一。"

《周礼注疏》中说："三月，清明节，谷雨中。"就是说，清明、谷雨两个节气，安排在农历三月。

《礼记注疏》中说："清明者，谓物生清净明洁。"

《月令七十二候集解》中说："三月节。物至此时，皆以洁齐而清明矣。"

孔颖达、吴澄解释了"清明"命名的依据。

《周髀算经·二十四节气》中记载太阳日影的长度："清明，六尺五寸五分。"

⊙ **清明与物候**

根据明代黄道周撰写的《月令明义》记载，清明节气的物候是：

桐始华，田鼠化为驾，虹始见。

第一候，"桐始华"。桐，指白桐，这句话的意思是，白桐树开始开花。

"桐"是什么树？有两种说法。

其一，梧桐。《吕氏春秋·季秋纪》高诱注中说："桐，梧桐也。是月生叶，故曰'始华'。"当代学者陈奇猷撰《吕氏春秋校释》发现不对，把"华"改成"叶"。他在书中说："考梧桐树春发叶，夏开花，此在春季，当以'叶'为是。此文'桐始华'者，谓梧桐树开始发叶而茂盛也。"

其二，白桐。北宋药学家唐慎微撰写的《证类本草》中，引证医学家陶弘景的说法是："其类有四种：旧注云：青桐，枝叶俱青而无子；梧桐，皮白，叶青而有子，子肥美可食；白桐，有华与子，其华二月舒，黄紫色，一名椅桐，又名黄桐，则药中所用华叶者是也；岗桐，似白桐，惟无子，即是作琴瑟者。"

清代乾隆年间编定的《钦定授时通考》中也说："一候桐始华。桐有三种。华而不实曰白桐，亦曰花桐。《尔雅》谓之'荣桐'，至是'始华'也。"

"二月"开"黄紫花"的是"白桐"，高诱、陈奇猷说是"梧桐"，这是不准确的。

第二候，"田鼠化为鴽（rú）"。

田鼠，《吕氏春秋·季春纪》中叫"鼸（xiàn）鼠"。俗名也叫香鼠，灰色短尾，能够颊中藏食。鴽，指鹌鹑之类的小鸟。三月田鼠与鹌鹑互变，也见于《大戴礼记·夏小正》《吕氏春秋·季春纪》《淮南子·时则训》《礼记·月令》等文献，这是古代的传闻，误解已久。

第三候，"虹始见（xiàn）"。这时候彩虹开始出现。

对于"虹"的解释，《说文》中说："虹，螮蝀（dì dōng）。"指彩虹，雨后天空中出现的彩色圆弧，由赤、橙、黄、绿、青、蓝、紫七种颜色组成。《御定月令辑要》中说："雄者曰虹，雌者曰蜺。雄谓明盛者，雌为暗微者。虹是阴阳交汇之气，纯阴、纯阳则虹不见。若云薄漏日，日照雨滴，则虹生。"这里的解释，基本上是符合科学道理的。

古人特别重视"虹"的出现。《诗经·鄘风·螮蝀》中说："螮蝀在东，莫之敢指。"意思是说，美人虹出现，没有人敢指向她。

⊙ 清明与民俗、节庆

清明节气期间的民俗活动特别多，主要有扫墓、寒食、踏青、荡秋千、蹴鞠、插柳等。

清明扫墓的缘起，传说是由于介子推在绵山被烧死而兴起。《左传·僖公二十四年》记载了春秋晋国贤臣介子推的事迹："晋侯赏亡者，介之推不言禄，禄亦弗及。其母曰：'与女偕隐。'遂隐而死。晋侯求之不获，以绵上为之田，曰：'以志吾过，且旌善人。'"介子推割股充饥的故事，家喻户晓。《韩诗外传》中说："晋公子重耳之亡也，过曹。里凫须以从，因盗其资而逃。重耳无粮，馁不能行。介之推割其股肉，以食重耳，然后能行也。"介子推被烧死后，晋文公下令，将他被烧死的那一天，定为寒食节，从寒食到清明，祭祀介子推。战国文学家屈原在《离骚》中写道："封介山而为之禁兮，报大德之优游。"从春秋、战国以后，扫墓、寒食节世代相传。明代刘侗撰写的《帝京景物略》中记载："三月清明日，男女扫墓。"

踏青，就是春游。《论语·先进》中记载："莫春者，春服既成，冠者五六人，童子五六人，浴乎沂，风乎舞雩（yú），咏而归。"这就是孔子和弟子们的春游活动。踏青，后来演变成了广泛而普及的士女游春活动。唐代极为盛行。唐人李淖的《秦中岁时记》中说："唐上巳日，赐宴曲江，都人于江头禊（xì）饮，践踏青草，曰踏青。"上巳日，即三月上旬的巳日。三国魏朝以后，改在三月三日。诗人杜甫《丽人行》中写道："三月三日天气新，长安水边多丽人。"诗人刘禹锡《竹枝词》中写道："两岸山花似雪开，家家春酒满银杯。昭君坊中多女伴，永安宫外踏青来。"永安宫，在今重庆奉节县城内，这里是刘备托孤和驾崩的地方。可以知道，刘禹锡描绘的是三峡一带的踏青场景。

荡秋千，这是一种古老的娱乐游戏。天气晴朗，风和日丽，最适合做这种游戏。唐代学者欧阳询撰写的《艺文类聚》卷四中说："北方山戎，寒食日用秋千为戏。"这里记载说，北方少数民族山戎，非常喜欢这种游戏。唐、宋两朝，盛行荡秋千。宋代文学家苏东坡的词作《蝶恋花·春景》中写得好："墙里秋千墙外道，墙外行人，墙里佳人笑。"这里说，墙里少女荡着秋千，墙外行人经过，听到墙里佳人的笑声。宋代女词人李清照《点绛唇·蹴（cù）罢秋千》中写道："蹴罢秋千，起来慵（yōng）整纤纤手。"这位少妇，荡罢秋千，起身懒得揉搓白嫩的双手。可以知道，荡秋千，是当时男女十分感兴趣的游乐活动。

蹴鞠（jū），类似于今天的踢足球，这是一种跟军事训练有关的活动，古代归于"兵家"的"技巧类"。东汉班固的《汉书·艺文志》有《蹴鞠》二十五篇。师古曰："鞠以韦为之，实以物，蹴蹋之，以为戏也。蹴鞠，陈力之事，故附于兵法焉。"这就是中国最早的足球专著。《后汉书·梁冀传》中说："梁冀性嗜酒，能挽满、弹棋、格

五、六博、蹴鞠之戏。"其中就有拉弓和踢球两种。在《水浒传》中记载：高俅初为苏轼小吏，后事枢密都承旨王铣（xiǎn），因善蹴鞠，获宠于端王赵佶（jí）。赵佶，就是宋徽宗。高俅，因为踢球，而当上了太尉。这一帮君臣，最后导致了北宋的灭亡。

清明节还有插柳的习俗。其中说法之一，就是纪念春秋晋国贤人介子推。介子推守节明志，被烧死在大柳树下。晋文公将柳树赐名为"清明柳"。戴柳、插柳就成为民间习俗。唐代诗人韩翃（hóng）的《寒食日即事》诗中写道："春城无处不飞花，寒食东风御柳斜。"描写了都城长安遍栽柳树，满城飞絮飘舞的情景。

1935年"中华民国"政府将清明节定在4月5日。2007年12月7日，中华人民共和国国务院第198次常务会议通过了《全国年节及纪念日放假办法》，其中规定"清明节，放假1天"。

⊙ 清明与农事、生态资源保护

清明时节农事很多。有关清明的农谚有："清明前后，种瓜点豆。清明种瓜，船装车拉。"就是说，在清明节前后，可以种植黄豆、豇豆、红豆、四月豆、茄子、辣椒等。也是种植黄瓜、西瓜、南瓜、苦瓜、葫芦等的最好季节。"清明后，谷雨前，又种高粱又种棉。清明高粱谷雨谷，立夏芝麻小满黍。"这里说，高粱、棉花，必须赶在清明、谷雨节气期间种植。"清明断雪，谷雨断霜。"在这两个节气里，雪、霜就不会再有了。

《淮南子·时则训》中说：在这个月里，生命的气象旺盛，阳气散布开来，草木弯曲的全部长出来，直立的全部向上生长，不能够把它们控制住。天子命令主管官员，打开粮仓，资助贫穷，赈救困乏之人；打开府库，拿出丝帛等财物，出使诸侯国；招聘有名德之人，礼遇贤德之士。命令主管水土之官，应时之雨即将来临，低处的水将向上泛滥，要顺次巡行国家都邑，普遍察看郊外平原，修筑堤坝，疏通沟渎，清除路障，使道路畅通，从国都开始，一直到达边境。

从这里可以知道，清明节气的政事、农事、水利等是非常繁忙的，特别是要做好水利设施的修缮、清障，保障沟渠畅通，为农业生产做好充分的保障。

⊙ 清明美食与养生

清明节饮食与养生习惯，主要是寒食和青精

饭。寒食，是在清明节的前一天或前两天。南朝梁代宗懔撰写的《荆楚岁时记》中说："去冬节一百五日，谓之寒食，禁火三日。"《琴操》中也说："晋文公与介子绥俱亡，子绥割腕以啖（dàn）文公，文公复国，子绥独无所得，子绥作《龙蛇之歌》而隐。文公求之，不肯出，乃燔（fán）左右木。子绥抱木而死。文公哀之，令人五月五日不得举火。"这里详细地记载了寒食节的来历。唐代诗人卢象在《寒食》诗中写道："子推言避世，山火遂焚身。四海同寒食，千秋为一人。"

青精饭，在《神农本草经》中写道："南烛枝叶，久服轻身长年，令人不饥。"大诗人杜甫《赠李白》诗中写道："岂无青精饭，使我颜色好。"它的制作方法是：取南烛茎叶捣碎取汁，用粳米，九浸九蒸九暴，可以储藏。青精饭，又叫乌饭。本来是道家的养生食品，现今江南地区多有流行。

陈抟《二十四式坐功图》中记载："清明三月节坐功：每日丑寅时，正坐定，换手左右，如引硬弓，各七八度。叩齿，纳清吐浊、咽液各三。"

⊙ 清明与文化

晚唐诗人杜牧的《清明》诗家喻户晓：

清明时节雨纷纷，路上行人欲断魂。

借问酒家何处有，牧童遥指杏花村。

这里指出"清明时节"的气象特点，就是"雨纷纷"。"路上行人"扫墓上坟，思念亲人，就像要"断魂"一样。行走在外的诗人，询问"何处"有"酒家"，放牛娃指向远处的"杏花村"。

关于"杏花村"，也有二说。

其一，位于今安徽省池州市贵池区。依据是：唐武宗李炎会昌四年九月（844年9月），42岁的杜牧，担任池州刺史，治所在秋浦县（今安徽池州市贵池区），任职2年。清代康熙年间文学家郎遂，历经11年，编撰了《杏花村志》十二卷。

其二，指山西省汾阳市城北的杏花村，以"杏花村"美酒闻名天下。杜牧曾写有《并州道中》诗，作为实证。杜牧诗中写道："戍楼春带雪。"但是，这与"清明时节雨纷纷"在节气上不能相互对应。

唐玄宗开元十六年（728年）春，盛唐诗人孟浩然来到长安，参加进士考试。但是进士不第。适逢清明，40岁的诗人写下了《清明即事》，诗中说：

帝里重清明，人心自愁思。

车声上路合，柳色东城翠。

花落草齐生，莺飞蝶双戏。

空堂坐相忆，酌茗聊代醉。

诗的意思是说，京城里的人特别重视清明，而旅居在外的人，心中自然就有愁绪思念。车轮转动在路上合着声响，东城的柳色一片青翠。花谢了野草茁壮生长，黄莺飞翔双蝶嬉戏。空旷的大堂里，坐着回忆往事，喝茶聊天，也就醉了。

谷雨

第九个节气

◆牡丹花

谷雨，公历每年4月20日或21日，太阳到达黄经30°时开始。

《淮南子·天文训》记载：

加十五日指辰，则谷雨，音比姑洗。

意思是说，清明增加十五天，北斗斗柄指向辰位，便是谷雨，它和十二律中的姑洗（xiǎn）相对应。

《汉书·律历志下》中记载："大梁，初胃七度，谷雨。今曰清明。"

《后汉书·律历下》中记载："三月，谷雨。谷雨，昴二度，二十四分退二。"

《周髀算经·二十四节气》中记载太阳日影的长度是："谷雨，五尺五寸六分，小分四。"

《周礼注疏》中说："三月，清明节，谷雨中。"就是说，清明、谷雨安排在农历三月。

《礼记注疏》中说："谷雨者，言雨生百谷。"

《月令七十二候集解》中说："三月中。自雨水后，土膏脉动，今又雨其谷于水也。盖谷以此时播种，自上而下也。"

《通纬·孝经援神契》中说："清明后十五日，斗指辰，为谷雨，三月中，言雨生百谷清净明洁也。"

孔颖达、吴澄等三家，解释了"谷雨"名称的来历。

⊙ 谷雨与物候

根据明代黄道周撰写的《月令明义》记载，谷雨的物候：

萍始生，鸣鸠拂其羽，戴胜降于桑。

第一候，"萍始生"。萍，指浮萍。这句意思是说，水中的浮萍开始生长。

《淮南子·时则训》高诱注中说："萍，水藻也。是月始生也。"《说文》中说："萍，苹也。水草也。"这里告诉我们，三月浮萍草开始生长。《神农本草经》中说："水萍一名水华，味辛寒，治暴热身痒。下水气，乌须发，久服轻身。"可以知道，浮"萍"还有很好的养生功效。

第二候，"鸣鸠拂其羽"。鸣鸠，指斑鸠。

《诗经·小雅·小宛》中记载："宛彼鸣鸠，翰飞戾天。"意思是说，那个小小的斑鸠，高飞在遥远的天空。《吕氏春秋·季春纪》高诱注中说："鸣鸠，斑鸠也。是月拂击其羽，直刺上飞数十丈，乃复者是也。"拂，有振动、甩动义。"鸣鸠拂""羽"，提醒农民开始耕种。

第三候，"戴胜降于桑"。这句的意思是，戴胜鸟降落到桑树上。胜，又写作"任""鵀""纴"等。

《吕氏春秋·季春纪》高诱注中说："戴任，戴胜，鸱（chī）也。部生于桑，是月其子强飞，从桑空中来下，故曰'戴任降于桑也'。"这里是说，戴胜鸟在桑树中作窝下蛋，孵化育雏。戴胜鸟，形状似雀，头有冠，五色，如方胜，所以被称为戴胜。东汉蔡邕《月令章句》中说："戴鵀（rén）降于桑，以劝民是也。"

⊙ 谷雨与民俗

谷雨的主要民俗之一，就是祭祀仓颉（jié）。记载世系起源的《世本》中说：仓颉是黄帝时的史官，创造了文字。

《荀子·解蔽》中说："好书者众也，而仓颉独传者，一也。"意思是说，古代爱好书写的人众多，但是只有仓颉独自流传，因为用心专一的缘故。

《韩非子·五蠹》中说："昔者苍颉之作书也，自环者谓之厶，背私谓之公。"这里说，仓颉造了"厶""公"两个字。"厶"字为我，"公"

字为大众。

《淮南子·本经训》中记载："昔者苍颉作书，而天雨粟，鬼夜哭。"意思是说，从前仓颉创造了文字，而天上落下了谷子，鬼神在夜间哭泣。

《说文解字·序》中说："仓颉之初作书，盖依类象形，故谓之文。其后形声相益，即谓之字。"这里说，所造的文字，独体的叫作"文"，合体的叫作"字"。

仓颉造字，为中华民族从蛮荒走向文明，做出了巨大的贡献。中国的文字，从甲骨文、金文、大小篆、隶书、行书、草书、楷书，历代相传，中华五千年文明，生生不息，就是依靠文字的传承。现在，全国仓颉陵、仓颉庙、造字台等就有多处。由"天雨粟"而演变为谷雨祭祀仓颉。陕西白水县史官镇、河南洛水县等地，每年都在谷雨节举行盛大祭祀活动。

⊙ 谷雨与农事、生态资源保护

谷雨是一年中的种植时节。有关种植农作物的农谚有："谷雨有雨好种棉。清明高粱谷雨花，立夏谷子小满薯。清明麻，谷雨花，立夏栽稻点芝麻。"谷雨是种植棉花的好时机。"过了谷雨种花生。谷雨栽上红薯秧，一棵能收一大筐。谷雨下秧，大致无妨。苞米下种谷雨天。谷雨天，忙种烟。"这里是说，谷雨时节要种花生、插红薯、插秧、种玉米、种烟叶等，可以知道，"谷雨"确实是春种的大忙节气。

《淮南子·时则训》中说：在这个节气里，捕猎要完全停止，收藏起罗网和弓箭。毒杀野兽的食物，不准带出国都之门。禁止主管山林之官，去砍伐养蚕用的桑树、柘树。斑鸠展翅高飞，戴胜鸟降落到桑枝上。这时要准备好养蚕用的蚕架、蚕箔（bó）和竹筐。

从这里可以知道，古代对动物保护、对蚕桑业的重视，都已经成为国家设置的重要制度。

☉ 谷雨美食与养生

谷雨茶，是谷雨时节养生饮用的佳品。谷雨茶，是指谷雨时节采制的新茶。明代许次纾（shū）撰写的《茶疏》说："清明太早，立夏太迟；谷雨前后，其时适中。"清明见芽，谷雨见茶，真正的好茶，采自谷雨时节，芽叶肥硕、色泽翠绿、叶质柔软、营养丰富、味道香醇。谷雨又名"茶节"，谷雨节品尝新茶，相沿成习，这时也是采茶、制茶、交易的好时机。唐代齐己的《谢中上人寄茶》诗中写道："春山谷雨前，并手摘芳烟。绿嫩难盈笼，清和易晚天。且招邻院客，试煮落花泉。"这里写道：春山谷雨前，茶叶很稀少。天色将晚，还未采满一笼。诗人殷勤地邀请邻院客人，前来品尝新茶。

陈抟《二十四式坐功图》中记载："谷雨三月中坐功：每日丑寅时，平坐，换手左右，举托移臂，左右掩乳各五七度。叩齿，吐纳，漱咽。"

⊙ 谷雨与文化

中国唐朝，是"茶"文化最为兴盛的时代。高僧皎然，是"茶"文化的开拓者，被称为"茶道"始祖。"茶圣"陆羽，著有《茶经》三卷。"茶仙"卢仝，留下了有名的"七碗茶歌"。中国的茶道，走向了日本、韩国、东南亚以及世界各国。

皎然的《饮茶歌诮（qiào）崔石使君》中写道：

越人遗（wèi）我剡（shàn）溪茗，
采得金牙爨（cuàn）金鼎。
素瓷雪色缥（piāo）沫香，
何似诸仙琼蕊浆？

一饮涤昏寐，情来朗爽满天地。

再饮清我神，忽如飞雨洒轻尘。

三饮便得道，何须苦心破烦恼。

此物清高世莫知，世人饮酒徒自欺。

诗题的意思是，唐德宗贞元初期，崔石担任湖州刺史，高僧皎然在湖州妙喜寺隐居。越人赠送给我剡溪名茶，采下黄色的茶叶嫩芽，放在金鼎中烹煮。白色的瓷碗里，漂着青色的茶汤，怎么和众多仙人采摘琼蕊的浆液相像？

一次饮后洗涤昏寐，情思开朗充满天地。

再饮使我精神清爽，就像忽然降落飞雨，洒到轻微的浮尘中。

三饮便得"道"的真谛，何必苦心破除烦恼？

这个"茶"的清高，世人不能明白，俗人多靠饮酒来欺骗自己。

皎然首先创立了"茶道"的三大功效："涤昏寐""清我神""便得道"，影响深远。

清代陆廷灿撰写的《续茶经》卷下，收录唐代"茶圣"陆羽的《六羡歌》，虽然只有34个字，却表达了深刻的含义：

不羡黄金罍（léi），不羡白玉杯。

不羡朝（cháo）入省（shěng），不羡
暮入台。

千羡万羡西江水，曾向竟陵城下来。

"四不羡"，体现陆羽的志趣和情操：不慕名
贵器物，不慕权势，不慕富贵，而羡慕的是家乡的
西江水，流向竟陵城下来。

被称为"茶仙"的卢仝，他品尝到朋友谏议大
夫孟简所赠送的新茶，随即写下了《走笔谢孟谏议
寄新茶》诗，留下有名的"七碗茶"：

柴门反关无俗客，纱帽笼头自煎喫。

碧云引风吹不断，白花浮光凝碗面。

一碗喉吻润，两碗破孤闷。

三碗搜枯肠，唯有文字五千卷。

四碗发轻汗，平生不平事，尽向毛
孔散。

五碗肌骨清，六碗通仙灵。

七碗喫不得也，唯觉两腋习习清风生。

蓬莱山，在何处？

玉川子，乘此清风欲归去。

这首诗的意思是说：我把柴门反关上，没有俗人来临，戴着纱帽笼头，自己煎起了新茶。碧绿的茶水，雾气向上升腾，吹也吹不断。茶中的白色泡沫，映着阳光，凝结在碗面。

喝下第一碗，滋润嘴唇咽喉。

喝了第二碗，破除孤独烦闷。

第三碗搜尽枯干的肠胃，却只有文章五千卷。

第四碗轻轻出汗，一生的不平之事，全部从毛孔中向外发散。

第五碗肌肤骨骼清爽。

第六碗通了神仙灵验。

第七碗吃不得了，只觉得两个腋下，清风飕飕吹拂要升天。

蓬莱山，在哪里？

玉川子，我要乘着清风，飞向仙山。

卢仝的"七碗茶歌"，在日本广为流传，并且演变成"喉吻润、破孤闷、搜枯肠、发轻汗、肌骨清、通仙灵、清风生"等七个境界的日本茶道，对世界"茶"文化的创立，产生了深远的影响。

第十二节

二十四节气：小满、芒种

小满

第十一个节气

◆月季花

小满，公历每年5月21日或22日，太阳到达黄经60°时开始。

《淮南子·天文训》记载：

加十五日指巳，则小满，音比太蔟。

意思是说，立夏增加十五日，北斗斗柄指向巳位，便是小满，它与十二律中的太蔟相对应。

《汉书·律历志下》中说："中井初，小满。于夏为四月，商为五月，周为六月。"

《后汉书·律历下》中记载："四月，小满。小满，参四度，六分退四。"

《隋书·律历下》中说："四月，立夏节，小满中。"就是说，立夏、小满，定在农历四月。

《周髀算经·二十四节气》中记载太阳日影的长度是："小满，三尺五寸八分，小分二。"

清代李光地等撰写《御定月令辑要》中说："《孝经纬》中说：斗指巳为小满。小满者，言物于此小得盈满也。《懒真子录》中说：小满，四月中，谓麦之气至此方小满，而未熟也。"这里对"小满"的解释是，在这个节气里，冬小麦的颗粒开始饱满，但是还没有达到全部饱满。

⊙ 小满与物候

根据明代黄道周撰写的《月令明义》记载，小满的物候：

苦菜秀，靡草死，麦秋至。

第一候，"苦菜秀"。苦菜，一种野菜的名称。又名苦苣等。茎中空，春夏之间开花，嫩茎叶可作蔬食。秀，指禾谷吐穗开花。

第二候，"靡草死"。靡（mǐ），是细小的意思。

明代杨慎所撰《丹铅余录》卷一中说："其枝叶细碎，谓之靡草。"靡草，指荠菜、葶苈之类，它们的枝叶非常细小，所以叫"靡草"。

《淮南子·天文训》中记载："阴生于午，五月为小刑，荠、麦、亭历枯，冬生草木必死。"这四句的意思是说，阴气从夏至开始产生，所以五月含有轻微的肃杀之气，荠菜、麦类、葶苈等植物枯黄，越冬生长的草木一定会死去。

对于葶苈，《淮南子·缪称训》中说："大戟去水，亭历愈胀。用之不节，乃反为病。"就是说，葶苈具有大泄、消胀的作用，但是不能使用过量，必须加以节制。

第三候，"麦秋至"。

这一"候"有两种记载。

其一，"麦秋至"。《礼记·月令》《吕氏春秋·孟夏纪》《淮南子·时则训》等文献，都记载是"麦秋至"。

为什么叫"麦秋"？东汉学者蔡邕《月令章句》中说："百谷各以初生为春，熟为秋，故麦以孟夏为秋。"小满，在农历四月二十六日左右，麦子收获季节，即将到来。

其二，"小暑至"。《逸周书·时训解》中写道："小满之日，苦菜秀。又五日，靡草死。又五日，小暑至。"宋代李昉等撰《太平御览》卷二十一《时序部六》、清代马啸所编《驿史·月令》中用"小暑至"。

这里的"小暑"，如果指的是节气名称，则与二十四节气的顺序不合。"小满"之后还有"芒种""夏至"，才是"小暑"。如果指较小的暑热，则与实际气象比较接近。因为再过一个节气"芒种"，便是"夏至"，阳气达到最盛。可以知道，"小暑至"，并不是指的节气"小暑"。

⊙ 小满与民俗

小满的民俗事项，主要有"亲蚕"和祭祀蚕神。

东汉时期祭祀的蚕神，主要是苑窳（yǔ）妇人、寓氏公主。《后汉书·礼仪志》中记载："祠先蚕，礼以少牢。"唐代李贤注引《汉旧仪》说："祀以中牢羊豕，祭蚕神曰苑窳妇人、寓氏公主，凡二神。"北齐杜台卿编写的《玉烛宝典》卷二引《淮南万毕术》说："二月上壬日，取道中土井华水和泥蚕屋四角宜蚕。神名苑窳。"这里告诉我们，"苑窳"是汉代祭祀的蚕神。

古代后妃"亲蚕""躬桑"，显示了对蚕桑业的高度重视。宋人罗泌《路史》曾经引用《淮南王蚕经》的材料："西陵氏劝蚕稼，亲蚕始此。"《礼记·月令》中记载："季春之月，后妃斋戒躬耕，以劝蚕事。孟夏之月，蚕事毕，后妃献茧。"西陵氏，即嫘（léi）祖，为黄帝元妃，也是中国蚕桑的祖师，北周时代开始祭祀嫘祖。

西汉张骞分别在汉武帝建元二年（前139年）和元狩四年（前119年）两次出使西域，开辟了著名的汉代丝绸之路，把中国的丝绸和文化传播到西域和欧洲。

民间传说小满为蚕神诞辰，因此我国南方特别是江浙一带，在小满期间有祈蚕节。祈求养蚕有个好的收成。

古代咏蚕诗词很多。唐朝李商隐的《无题》

中写道："春蚕到死丝方尽，蜡炬成灰泪始干。"丝，谐音思念的"思"，以蚕丝的绵长，表达对心爱的姑娘的思念。五代后蜀诗人蒋贻恭的《咏蚕》中写道："辛勤得茧不盈筐，灯下缫丝恨更长。著处不知来处苦，但贪衣上绣鸳鸯。"对百姓缫丝辛苦与贵族贪图享乐，做了鲜明的对比。

⊙ 小满与农事、生态资源保护

有关小满的农事和农谚有："麦到小满日夜黄。小满十日见白面。大麦不过小满，小麦不过芒种。"这里是说，大麦收割期限，不会超过小满。小麦收割，到芒种全部结束。"小满节气到，快把玉米套。小满候，芒种前，麦田串上粮油棉。"麦田套种，有夏玉米、棉花、花生等。"小满麦渐黄，夏至稻花香。"小满麦子变黄，即将收割。夏至稻花开始飘香。"小满芝麻芒种黍。"小满时节开始种芝麻，芒种开始种黍类。"小满不起蒜，留在地里烂。"收获大蒜，必须在小满节气。"小满见三鲜：黄瓜、樱桃和蒜薹。"小满季节，新鲜的黄瓜、樱桃、蒜薹开始上市。"好蚕不吃小满叶。"意思是说，小满时节，春蚕不吃老了的桑叶。

《淮南子·时则训》中说，要帮助物类生长

繁衍，继续使之增长，不能有任何损害。不要兴建土木工程，不要砍伐大的树木。命令管理山野的官员，巡行田野，劝勉农民努力耕作；驱逐田里的野兽家畜，不让践踏庄稼。

采集各种成熟的药物，亭历开始枯死，冬小麦成熟。

可以知道，小满时节保护和采集、收获并重，应该是个非常繁忙的节气。

⊙ 小满美食与养生

小满饮食佳肴是苦菜。苦菜是古今民众喜爱的野菜之一。

《诗·唐风·采苓》中说："采苦采苦，首阳之下。"汉代毛亨解释说："苦，苦菜。"特别是霜后的苦菜，甜脆而味道鲜美。

《淮南子·时则训》记载："孟夏之月，苦菜秀。"古代又叫"荼"。《埤（pí）雅·释草》以"荼（tú）"为苦菜。《诗·邶（bèi）风·谷风》说："谁谓荼苦？其甘如荠。"对于苦菜的功用，明代李时珍《本草纲目·菜部》卷二十七中说："春初生苗，有赤茎、白茎二种。开黄花，初如绽野菊。［主治］五脏邪气，厌谷胃痹。久服安心益气，轻身耐老。"可以知道，苦菜具有养生延年的功效。

苦菜，属于菊科植物，药食兼具，略带苦味，可清炒或凉拌，有抗菌、解热、消炎、明目等作用。

陈抟《二十四式坐功图》中记载："小满四月中坐功：每日寅卯时，正坐。一手举托，一手拄按，左右各三五度。叩齿，吐纳，咽液。"

⊙ 小满与文化

宋代诗人杨万里的《小池》是一首描绘立夏、小满时节优美风光的七言绝句：

> 泉眼无声惜细流，树阴照水爱晴柔。
> 小荷才露尖尖角，早有蜻蜓立上头。

意思是说，泉眼静悄悄地流过，为了爱惜涓涓的细流；照在水中的树阴，喜欢晴朗柔和的春光。小小的荷叶，刚刚露出尖尖的嫩角，早就有一只蜻蜓站立在它的上头。

泉眼、细流、树阴、晴柔、小荷、尖尖、蜻蜓、站立，这就是《小池》所展现的美好祥和意境，那样和谐，那样柔美，那样自然，那样真切，字字如画，美不胜收。

宋代著名词作大家苏轼的《浣溪沙》，把小满时节的自然景观和人物活动，描写得栩栩如生：

麻叶层层檾叶光，
谁家煮茧一村香？
隔篱娇语络丝娘。
垂白杖藜抬醉眼，
捋青捣麨软饥肠。
问言豆叶几时黄？

意思是说，麻叶层层叠叠，檾（qǐng）叶发出亮光；谁家在煮茧，香气弥漫了整个村庄？隔着篱笆，传来缫丝姑娘的娇声笑语。垂着白发的老翁，拄着藜杖，抬起迷离似醉的双眼，捋下发青的麦穗，捣制烘成麦饼，用作果腹的食粮。顺便问问，豆叶什么时候转黄？

这是小满时节农村的一幅美好的生活图画。这里有自然的田园风光：田野里，麻叶茂盛，叶片在阳光照射下，发出光亮。欢乐的蚕妇这时正在煮茧抽丝，香气四溢，不断传来"络丝"蚕妇们的娇声细语。白发老人辛勤劳作，捋下麦穗，做成麦饼、麦糊，饥饿时可以用来果腹。这一切，显示的是中国古代农耕社会顺应自然、自给自足的生活图景。

◆ 合欢

芒种，公历每年6月5日或6日，太阳到达黄经75°时开始。

关于对"芒种"的解释，有些不同：

其一，种植有"芒"的农作物。清代李光地等撰写的《御定月令辑要》中说，《三礼义宗》记载："五月芒种为节者，言时可以种有芒之谷，故以芒种为名。"就是说，在这个节气里，最适合种植有"芒"的谷物，所以就叫作"芒种"。

其二，收获、种植有"芒"的农作物。《礼记注疏》中说："谓之芒种者，言有芒之谷，可稼种。"有"芒"的谷物，可以收获的有大麦、小麦、燕麦、黑麦等。可以种植的有晚谷、黍、稷、水稻等。"芒种芒种，连收带种。"这是符合"芒种"节气实际的。

《淮南子·天文训》记载：

加十五日指丙，则芒种，音比大吕。

意思是说，小满增加十五日，北斗斗柄指向丙位，便是芒种，它与十二律中的大吕相对应。

《汉书·律历志下》中说："鹑首，初井十六度，芒种。"

《后汉书·律历下》中记载："芒种，井十度，十三分退三。"

《周髀算经·二十四节气》中记载太阳日影的长度是："芒种，二尺五寸九分，小分一。"

《周礼注疏》中说："五月，芒种节，夏至中。"意思就是说，芒种、夏至两个节气，安排在农历五月。

⊙ 芒种与物候

根据明代黄道周撰写的《月令明义》记载，芒种的物候是：

螳螂生，鹍始鸣，反舌无声。

第一候，"螳螂生"。螳螂，又名天马，又叫"巨斧"。深秋时产卵，芒种时节破壳而出。《淮南子·时则训》高诱注中说："螳蜋，世谓之天马，一名齿肬（yóu），兖、豫谓之巨斧也。"

我们熟知的"螳臂当车"的成语，有两种不同的理解：

①不自量力。《庄子·人间世》中说："汝不知夫螳螂乎？怒其臂以当车辙，不知其不胜任也。"

②赞赏它的勇武精神。《淮南子·人间训》中说："齐庄公出猎，有一虫举足将搏其轮。问其御曰：'此何虫也？'对曰：'此所谓螳螂者也。其为虫也，知进而不知却，不量力而轻敌。'庄公曰：'此为人而必为天下勇武矣！'"

第二候，"鹍始鸣"。鹍（jué），指伯劳、子规、杜鹃。这句的意思是，杜鹃开始鸣叫。

《诗·豳风·七月》中记载："七月鸣鹍。"意思是，伯劳鸟鸣叫到了七月。《左传·昭公十七年》中说："伯赵氏，司至者也。"晋代杜预注中说："伯赵，伯劳也。以夏至鸣，冬至止。"杜鹃在夏至时昼夜不停地鸣叫，到冬至时才停止。

第三候，"反舌无声"。反舌，又叫百舌鸟，学名乌鸫（dōng）。这句话意思是，反舌鸟停止了鸣叫。

《礼记·月令》唐代孔颖达注疏中说："春始鸣，至五月稍止。其声数转，故名反舌。"《吕氏春秋·仲夏纪》高诱注中说："反舌，伯舌也。能辩反其舌，变易其声，效百鸟之鸣，故谓之反舌。"从这里可以知道，非常可爱的反舌鸟，立春时节开始鸣叫，芒种时节叫声才停止。

⊙ 芒种与民俗、节庆

芒种的民俗是赛龙舟。古代传说农历五月五日，是战国时代伟大的文学家屈原投汨罗江的纪念日，人们划龙舟驱散江中之鱼，以免让鱼吃掉屈原的身体。

祭祀屈原的习俗，已经有将近1500年的悠久历史了。《隋书·地理志》中记载："屈原以五月五日赴汨罗，……习以相传为竞渡之戏。其迅楫齐驰，棹歌乱响，喧振水陆，观者如云。诸郡率然，而南郡、襄阳尤甚。"这里是说，在今湖北省荆州、襄阳特别盛行。唐代诗人刘禹锡的《竞渡曲》自注中说："竞渡始于武陵，及今举楫而相和之，其音咸呼云：'何在！'斯招屈之义。"刘禹锡笔下的武陵，在今湖南省常德市一带。

龙舟竞渡，保留至今，成为中国百姓喜爱的体育运动项目之一。

芒种的节庆，最重要的是端午节。端午节，每年农历五月初五。端午，又称端阳、重午、天中、朱门、五毒日、端五、重五等，是我国传统节日之一。唐、宋以后每年都要举行盛大活动，并赏赐百官。

举办端午节活动的主要目的，就是要祭祀和拯救屈原。宗懔《荆楚岁时记》中说："五月五日竞渡，俗为屈原投汨罗江，伤其死，故并命舟楫以拯之。"

对于"端午"的解释，主要有两种观点：

其一，端，正。清代仇兆鳌《杜诗详注·端午日赐衣》注中说："五月建午，故曰端午。端，正也。"按"端，正"的解释，不合文义。

其二，端，有"始""初"义。《集韵》"桓"韵："端，始也。"晋代周处所撰《岳阳风土记》中说："仲夏端午。端，初也。"清代姜宸英撰写的《湛园杂记》卷二中说："端阳前五日俱可称'端'。文山以五月初二日生，称此日为'端二'。"午，清代朱骏声《说文通训定声》中说："午，又借为五。"这应该是"端午"即"五月初五"的来历。

⊙ 芒种与农事、生态资源保护

芒种时节的农事和农谚有："芒种忙，麦上场。"大面积收割冬小麦，在这个节气里全部结束。"芒种黍子夏至麻。芒种谷，赛过虎。芒种不种高山谷，过了芒种谷不熟。芒种插秧谷满尖，夏至插秧结半边。芒种有雨豌豆收，夏至有雨豌豆丢。"这里说，芒种节气，正是种植黍子、高山谷子、豌豆和插秧等的最好节气。

《淮南子·时则训》中说：要禁止老百姓采割蓝草来染制衣服；不要砍伐树木来烧灰肥田；不要暴晒葛麻织成的布匹；不要关闭城门、巷道；不去关塞、市场征索关税。

可以想见，施行这一系列规定，是为了保护自然资源，让植物更好地生长，使民生得到充分的生活保障。

⊙ 芒种美食与养生

芒种时节，民间饮食与养生习惯主要有喝雄黄酒、吃粽子、挂艾叶。

雄黄酒中的雄黄，是矿物名称，也叫鸡冠石、石黄，分为雄黄、雌黄两种。一般用作颜料和药用。它是古代炼丹术常用的原料之一。清代顾禄撰写的《清嘉录》中说："研雄黄末，屑蒲根，和酒饮之，谓之雄黄酒。"明代高濂撰写的《遵生八笺》卷四中说："五日午时，饮菖蒲雄黄酒，辟除百疾而禁百虫。"古人认为，雄黄酒可以克制蛇、蝎等百虫的危害。《白蛇传》中蛇精白娘子喝下雄黄酒，便现出了原形。

吃粽子的习俗，在魏、晋时代已经流行。晋代周处所作的《岳阳风土记》中说："仲夏端午，烹鹜（wù）角黍。"注文中说："端，始也。谓五月五日。"鹜，就是鸭子。角黍，就是粽子。当时粽子的形状，就像鸭子的尾巴。梁代吴均的《续齐谐记》中记述得非常详细："屈原五月五日投汨罗水，楚人哀之。至此日，以竹筒子贮米，投水以祭之。"爱国诗人屈原投江，百姓为了不让鱼吃掉屈原的尸体，包了很多的粽子，投到汨罗江中。这个习俗流传至今。

悬挂艾叶，除菌消毒。艾叶，明代李时珍《本草纲目·草部》第十五卷中记载："以五月五日连茎刈取，爆干收叶。其茎干之，染麻油引火点灸柱，滋润灸疮，至愈不疼。"又说："叶，苦，微温热，无毒。灸百病。"李时珍的权威记载，就是艾灸备受中医和民间重视的原因。可知艾叶是一种芳香化浊的中草药，具有较好的驱毒除瘟的作用。悬挂艾叶和燃烧艾叶，可以杀菌消毒，预防瘟疫流行。艾叶还可以驱除蚊蝇，没有任何副作用。

陈抟《二十四式坐功图》中记载："芒种五月节坐功：每日寅卯时，正立仰身。两手上托，左右力举，各五七度。定息，叩齿，吐纳，咽液。"

⊙ 芒种与文化

唐代著名诗人白居易，在36岁之时担任今陕西周至县的县尉，主要任务有缉拿罪犯、征收赋税等工作。对安史之乱平定以后，百姓生活的艰难，历历在目。他的《观刈麦》，真实地记录了芒种时节贫苦农民的生活。前面十二句是这样的：

田家少闲月，五月人倍忙。

夜来南风起，小麦覆陇黄。

妇姑荷箪食，童稚携壶浆，

相随饷田去，丁壮在南冈。

足蒸暑土气，背灼炎天光，

力尽不知热，但惜夏日长。

意思是说，农家少有空闲的月份，五月人们加倍繁忙。夜里刮起了南风，覆盖田垄的小麦已经变黄。妇女们挑着竹篮的饭食，儿童提着满壶的水浆，相互跟随着到田间送饭，青壮男子都在南冈。双脚受到土地的热气熏蒸，脊背上烤着炽热的太阳。力气用尽还不觉天气炎热，只是珍惜夏日的天长。

这首《观刈麦》，白居易对农民生活的贫困和劳动的艰辛，给予了深切的同情；对农民身上的繁重苛税，进行揭露和谴责；想到自己没有什么功德，一年却领取三百石米，而且还有余粮，感到惭愧和自责。

南宋诗人陆游的《时雨》，记载的是芒种节气期间农民劳动、生活的场景，前面四句：

时雨及芒种，四野皆插秧。

家家麦饭美，处处菱歌长。

意思是说，芒种时节下起了及时雨，田野里农民都忙着插秧。家家户户用新麦做成美食，时时处处传来悠长的菱歌。

这就是江南水乡人民顺应自然、和谐相处，勤劳耕作的真实生活。

第十三节
二十四节气：处暑、白露

处暑

第十七个节气

◆玉簪花

处暑，公历每年8月23日或24日，太阳到达黄经150°时开始。

《淮南子·天文训》中记载：

加十五日指申，则处暑，音比姑洗。

意思是说，立秋增加十五天，北斗斗柄指向申位，便是处暑，它与十二律中的姑洗相对应。

《汉书·律历志下》中说："中翼十五度，处暑。于夏为七月，商为八月，周为九月。"

《后汉书·律历下》中记载："七月，处暑。处暑，翼九度，十六分进二。"

《周礼注疏》中记载："七月，立秋节，处暑中。"就是说，立秋、处暑，安排在农历七月。

《周髀算经·二十四节气》中记载太阳日影的长度是："处暑，五尺五寸六分，小分四。"

《国语·楚语上》中说："处暑之既至。"韦昭注："处暑，在七月节。处（chǔ），止也。"这是先秦文献中罕见出现的节气名称。

元朝吴澄撰写的《月令七十二候集解》中记载："七月中。处，去也。暑气至此而止也。"

清朝李光地等撰写的《御定月令辑要》中说："《孝经纬》：立秋后十五日，斗指申为处暑。言渎（dú）暑将退伏而潜处也。"

韦昭、吴澄、李光地解释了"处暑"的命名依据。用词虽然有"止""去""潜处"的不同，但意义是正确的。《说文》中说:"处,止也。"即停止之义。

⊙ 处暑与物候

根据明代黄道周撰写的《月令明义》记载,处暑的物候:

> 鹰乃祭鸟,天地始肃,禾乃登。

第一候,"鹰乃祭鸟"。意思是说,老鹰开始捕猎鸟类,摆在四周,好像祭祀一样。

《吕氏春秋·孟秋纪》高诱注中说:"是月鹰鸷(zhì)杀鸟于大泽之中,四面陈之,世谓之祭鸟。"秋天,是属于猛禽雄鹰的季节。乌鸦、鸽子、野鸡、兔子、松鼠等动物,身体肥美,准备越冬,但是却成了苍鹰口中的美食。所谓"祭鸟",只是文士们强加于雄鹰而已。

第二候,"天地始肃"。意思是说,天地间开始呈现肃杀之气。

《淮南子·时则训》高诱注中说:"肃,杀也。杀气始行也。"肃,就是肃杀的意思。杀气始行,草木凋零;而万物争艳,欣欣向荣的景象,一扫而空。

第三候，"禾乃登"。意思是说，谷物已经成熟。

禾，《说文解字》中说："嘉谷也。"又指谷物之总名。登，《淮南子·天文训》高诱注中说："成也。"就是成熟义。处暑节气，各种谷物陆续收割、晾晒、贮藏。"禾乃登"，五谷丰登，天下才能安定。

⊙ 处暑与民俗、节庆

处暑期间的民俗活动，主要有开渔节。中国开渔节创办于1998年，在处暑期间举办。中国开渔节是以感恩海洋、保护海洋为主题，以渔文化为主线的海洋民俗文化活动。它以浓厚的渔文化为底蕴，在承袭传统习俗的基础上，通过节庆活动，推进当地社会经济发展，引导广大渔民热爱海洋、感恩海洋，合理开发利用海洋资源。中国象山、宁波、舟山、江川、南海（茂名、博贺）、阳江、青岛、北海等地，每年都要举行盛大的开渔节活动。

处暑期间的节庆有"七夕"节。一般在农历七月七日夜举行。"七夕"节与民间流传的牛郎与织女的故事有关。它的故事原型起源很早。《诗·小雅·大东》中说："跂（qǐ）彼织女，终日七襄。虽则七襄，不成报章。睆（huǎn）彼牵牛，不以服箱。"意思是说，织女星两脚叉开，每天七次变化。虽然能变化七次，却不能织成锦绣。明亮的牵牛星，却不能用来拉车子。明代罗颀撰写的《物源》中说："楚怀王初置七夕。"这里说，战国晚期楚怀王开始设置"七夕"。七夕，最初是祭祀牵牛星、织女星。到了汉代，牛郎、织女的故事，逐渐成形。东汉应劭撰写的《风俗通》中记载："织女七夕当渡河，使鹊为桥。"这就是鹊桥会。晋代葛洪编辑的《西京杂记》中记载："汉彩女常以七月七日穿七孔针于开襟楼，俱以习之。"进而演变为牛郎、织女离别相思的爱情故事。《古诗十九首·迢迢牵牛星》中写道："迢迢牵牛星，皎皎河汉女。纤纤擢素手，札札弄机杼。终日不成章，泣涕零如雨。河汉清且浅，相去复几许。盈盈一水间，脉脉不得语。"民间又称为七巧节、乞巧节、女儿节等。

⊙ 处暑与农事、生态资源保护

处暑的农事活动和农谚有："处暑天不暑，炎热在中午。"就是说，处暑时候，中午热，早晚凉。"处暑雨，粒粒皆是米。"处暑下雨，对水稻丰收有重要作用。"处暑谷渐黄，大风要提防。处暑高粱遍地红。处暑收黍，白露收谷。处暑好晴天，家家摘新棉。处暑长薯。处暑栽白菜，有利没有害。处暑见红枣，秋分打净了。七月枣，八月梨，九月柿子红了皮。"这些农谚，说明处暑节气对高粱、谷子、棉花等的收获，以及对枣、梨、柿子等的成熟和采摘帮助极大。

《淮南子·时则训》中说：命令百官，开始收敛赋税；修筑堤坝，谨防障碍阻塞，防备水患到来；修葺城郭，整治宫室。

处暑时节最重要的农事，是要修整堤防、清除障塞、筑牢堤坝，防止秋季的洪水到来。可以知道，古代对于防止水患、兴修水利特别重视，这是以农为本的农耕社会顺应天道、兴利除弊的重要举措。

⊙ 处暑美食与养生

处暑饮食与养生，人们爱吃萝卜。明代李时珍编写的《本草纲目·菜部》第二十六卷中记载："莱菔，今天下通有之。圃人种莱菔，六月下种，秋采苗，冬掘根。其根有红、白二色，其状有长、圆二类。大抵生沙壤者脆而干，生瘠地者坚而辣。根、叶皆可生可熟，可菹可酱，可豉可醋，可糖可腊，可饭，乃蔬中之最有利益者。""莱菔，散服及炮煮，下大气。消谷和中，去痰癖，肥健人；利五脏，轻身，令人白净肌细。"

特别是入秋的萝卜，肉质肥厚丰润，清甜爽口，对于预防咳嗽多痰、咽喉炎、声音嘶哑，都有一定的帮助。

陈抟《二十四式坐功图》中记载："处暑月中坐功：每日丑寅时，正坐，转头，左右举引就，反两手捶背，各五七度。叩齿，吐纳，咽液。"

⊙ 处暑与文化

宋末文学家仇远的《处暑后风雨》，是一首描写处暑时节天气急速变化的传神诗作：

疾风驱急雨，残暑扫除空。
因识炎凉态，都来顷刻中。
纸窗嫌有隙，纨扇笑无功。
儿读秋声赋，令人忆醉翁。

意思是说，疾风驱赶着急雨，残留的暑气扫除干

净。因为知晓炎凉的变化，顷刻之间一起来临。窗纸的空隙，让人讨嫌；嗤笑团扇，没啥功用。儿童读着《秋声赋》，使人回忆起了"醉翁"。

这首诗告诉我们，虽然已过"处暑"节气，仍然会酷热难当。一场"疾风""急雨"，把暑热一扫而空。儿童们高兴地读起了宋代大文学家欧阳修的《秋声赋》，等待着金秋收获时节的到来。

清代乾隆皇帝的《御制诗集》五集卷三十四，收有一首《处暑》诗，其中写道：

> 昨晚热留尾，晓峰云照头。
> 湔炎真处暑，送爽正宜秋。
> 快霁碧霄净，凝眸满意酬。
> 荞田及菜圃，又可望丰收。

> 自注："处暑，七月十一日。湔（jiān）炎，自亥至寅微雨。"

意思是说，昨天夜里暑天还留有余热，早晨山峰上盘旋着云头。夜里到早上下了小雨，洗去了炎热，真的离开了暑天；送来的清爽，正是适宜的秋天。雨后很快放晴，蓝天格外清净；凝眸想来，都得到满意的报答。荞麦地和菜园子，又能够得到丰收。

这首诗告诉我们，顺应自然、天人合一、风调雨顺、丰衣足食，这是每一个人所追求和希望达到的目标。

白露

第十八个节气

◆ 美人蕉

白露，公历每年9月7日或8日，太阳到达黄经165°时开始。

《淮南子·天文训》记载：

加十五日指庚，则白露降，音比仲吕。

意思是说，处暑增加十五日，北斗斗柄指向庚位，白露便要降落，它与十二律中的仲吕相对应。

《汉书·律历志下》中说："寿星，初轸十二度，白露。"

《后汉书·律历下》中记载："白露，轸六度，二十三分进一。"

《周髀算经·二十四节气》中记载太阳日影的长度是："白露，六尺五寸五分，小分五。"

《周礼注疏》中说："八月，白露节，秋分中。"就是说，白露、秋分，归于农历八月。

《礼记注疏》中记载："白露者，阴气渐重，露浓色白谓之。"

《月令七十二候集解》中说："八月节。阴气渐重，露凝而白也。"

孔颖达、吴澄解释了"白露"名称的依据。

⊙ 白露与物候

根据明代黄道周撰写的《月令明义》记载，白露的物候：

鸿雁来，玄鸟归，群鸟养羞。

第一候，"鸿雁来"。

《礼记·月令》仲秋、季秋皆作"鸿雁来"。《吕氏春秋》仲秋、季秋皆作"候雁来"，《淮南子》相同。就是说，八月、九月同时都有"候雁来"。

对于这样的内容重复，《吕氏春秋·仲秋纪》高诱注中说："是月候时之雁，从北漠中来，南过周、洛，之彭蠡。"《季秋纪》高诱注中说："是月候时之雁，从北方来，南之彭蠡。盖以为八月来者，其父母也。其子羽翼稚弱，未能及之，故于是月来过周、洛也。"高诱的解释说，八月来的是"父母"，九月来的是子女。

对于高诱的解释，当代学者陈奇猷在《吕氏春秋校释》的"仲秋纪"中写作"候鸟来"。就是说，把"雁"字改成了"鸟"字，这样就避免了内容的重复。但是没有说明改动的版本依据。"候鸟"，又分为冬候鸟、夏候鸟。冬候鸟有野鸭、鸿雁、天鹅等，从北方飞往南方越冬，第二年春天又飞回北方。

第二候，"玄鸟归"。玄鸟，就是燕子。燕子、杜鹃、黄鹂等，都是夏候鸟。

《吕氏春秋·仲秋纪》高诱注中说："玄鸟，燕也。春分而来，秋分而去，归蛰所也。"《周书》中说："白露后五日，玄鸟归。"本句的意思是，燕子归往亚热带、热带地区。

第三候，"群鸟养羞"。

这一"候"的解说有分歧。

其一，"羞"指食物。《礼记·月令》郑玄注中说："羞者，谓所食也。"指鸟类把干果等食物储存起来，准备过冬。

其二，"羞"指羽毛。《吕氏春秋·仲秋纪》高诱注认为："寒气降至，群鸟养进其毛羽御寒也，故曰'群鸟养羞'。"指群鸟养好羽毛，抵御寒冷。

东汉两位学者的说法有所不同。经过考察，可以知道，"羞"字同"馐"。《集韵》"尤"韵中说："羞，或从食。""馐"字的主要义项有：进献食品。《类篇·食部》记载："馐，进献也。一曰致滋味。"又指精美的食品。《篇海类编·食货部·食部》中说："馐，膳也。"由此可知，郑玄的解释是比较准确的，高诱的解释缺少依据。

⊙ 白露与民俗

白露时节，古代部分地区有喝"程酒"的习

俗。程酒，古代指桂阳郡郴（chēn）县程乡溪一带出产的美酒，在今湖南省资兴市三都、蓼市、七里、香花境内。

白露一到，家家酿酒，也称"白露米酒"。其中的精品叫"程酒"。选用上好米酒，兑上土制烧酒，然后密封起来，埋在地下，数十年后，打开酒盖，其味甘甜，十里飘香。

程酒历史悠久，弥足珍贵。北魏郦道元《水经注》中记载："郴县有渌（lù）水，出县东侠公山，西北流而南曲，注于耒，谓之程乡溪，郡置酒官酝于山下，名曰'程酒'。"就是说，"程酒"属于官方管理和酿造，历代皆为贡酒之一。宋徽宗宣和年间安徽舒城人阮阅曾经担任郴州知州。他所写的《郴州百咏》中收有一首《醽（líng）醁泉》诗："玉为曲糵石为垆，万榼（kē）千壶汲未枯。山下家家有醇酒，酿时皆用此泉无。"这是宋代酿造"程酒"的实情记录。明代徐弘祖所写的《徐霞客游记》中说："刘杳云：程乡有千日酒，饮之至家而醉。昔尝置官酝于山下，名曰'程酒'，同醽醁酒献焉。"程酒，属于绿酒的一种，色碧味醇，久而愈香。

⊙ 白露与农事、生态资源保护

白露时节，农事繁忙。要收谷子，拔花生，掰玉米，摘棉花，刨地瓜，等等。有关农谚有："白露秋分夜，一夜凉一夜。"就是说，过了这两个节气，天气就一天天变凉。"喝了白露水，蚊子闭了嘴"。过了白露，蚊子就不会再叮人了。"白露种高山，秋分种河湾。"就是说，高寒山地，先种麦子。河湾平川，秋分种麦子。"白露割谷子，霜降摘柿子。白露谷，寒露豆，花生收在秋分后。"谷类作物在白露收割完毕。"白露种葱，寒露种蒜。白露秋分头，棉花才好收。白露枣儿两头红。白露打核桃，霜降摘柿子。白露到，摘花椒。"种葱、摘枣、打核桃、摘花椒等，也要赶在这个时节。

《淮南子·时则训》中说：在这个月里，可以修筑城郭，建造都邑；修凿地窖，建设仓库，贮藏食物。命令主管部门，督促百姓收集采摘，多多积累；劝勉百姓种植越冬小麦，假如有人耽误时机，实行处罚，不容置疑。在这个月里，雷声开始平息，蛰伏冬眠的动物躲进户内，肃杀之气逐渐旺盛，阳气日渐衰退，水流开始干涸。

可见，这个节气的重要任务，就是不失时机种植越冬小麦。如果耽误时机，就要受到严重的处罚。冬小麦一般在公历9月下旬到10月上旬播种，第二年5月底至6月初开始收割。冬小麦种植在我国有非常悠久的历史，至今也是最主要的粮食作物之一。

⊙ 白露美食与养生

白露饮食与养生习惯，人们爱喝白茶。白茶是茶叶中的珍品。

唐朝陆羽的《茶经》卷下中记载："《永嘉图经》，永嘉县（东）［南］三百里有白茶山。"可见唐代已经有了白茶品种。早期的白茶，是产于今浙江省永嘉县白茶山上的白茶。宋代"白茶"，成为茶品中的"第一"。宋徽宗《茶论》中说："白茶与常茶不同，偶然生出，非人力所可致，于是白茶遂为第一。"宋代刘异所作的《北苑拾遗》中引用北宋宋子安的《东溪试茶录》说："白茶民间大重，出于近岁。芽叶如纸，建人以为茶瑞，则知白茶可贵。自庆历始，至大观而贵也。"这里记载的是福建建安出产的白茶，极为珍贵。白茶满披白毫，汤色清淡，味道鲜醇，散发毫香。现今有云南白茶，福建福鼎、政和、松溪、建阳白茶，皆为当今名茶。

陈抟《二十四式坐功图》中记载："白露八月节坐功：每日丑寅时，正坐，两手搂膝，转头推引，各三五度。叩齿，吐纳，咽液。"

⊙ 白露与文化

产生在春秋时期西方秦国的《诗·国风·秦风》中的《蒹葭》，是一首有名的爱情诗。它的起兴，是从"蒹葭""白露"开始的：

蒹葭苍苍，白露为霜。
所谓伊人，在水一方。
溯洄从之，道阻且长。
溯游从之，宛在水中央。

蒹葭萋萋，白露未晞。
所谓伊人，在水之湄。
溯洄从之，道阻且跻。
溯游从之，宛在水中坻。

蒹葭采采，白露未已。
所谓伊人，在水之涘。

溯洄从之，道阻且右。

溯游从之，宛在水中沚。

意思是说，芦荻野茫茫，白露结成霜。所思意中人，相望在河旁。逆流去找她，道路险阻漫长。顺流去寻她，犹在水中央。

芦荻冷凄凄，白露还没干。所念意中人，在河那一边。逆流去找她，道路险阻艰难。顺流去寻她，好似在沙滩。

芦荻密稠稠，白露水未收。所想意中人，就在河尽头。逆流去找她，道路险阻难求。顺流去寻她，好像在绿洲。

这首诗的主人公，好像在寻找心上的"伊人"。这位"伊人"，是俊男、是美女、是贤人，还是理想，并没有指明。作者反复地"溯洄""溯游"寻找，终因"道阻"艰难，若隐若现，可望而不可即，思念之苦，凄凉而悲怆。

本诗用韵整齐，朗朗上口，适合情感的表达。苍、霜、方、长、央，上古音阳部。凄、晞、湄、跻、坻，上古音脂、微合韵，采、已、涘、右、沚，上古音之部。

可以知道，在2500多年前的春秋时代，诗歌创作的内容、修辞、字数、句数、段数、押韵、意境等，都已经达到了很高的水平，实现了内容与形式的完美统一，对于我国的诗歌和文学创作，产生了极其深远的影响。

第十四节

二十四节气：寒露、霜降

寒露

第二十个节气

◆菊花

　　寒露，公历每年10月8日或9日，太阳到达黄经195°时开始。

　　《淮南子·天文训》记载：

加十五日指辛，则寒露，音比林钟。

意思是说，秋分增加十五日，北斗斗柄指向辛位，便是寒露，它与十二律中的林钟相对应。

《汉书·律历志下》中说："大火，初氐五度，寒露。"

《后汉书·律历下》中记载："寒露，亢八度，五分退一。"

《周礼注疏》中说："九月，寒露节，霜降中。"就是说，寒露、霜降两个节气，安排在农历九月。

《周髀算经·二十四节气》中记载太阳日影的长度是："寒露，八尺五寸四分，小分一。"

元代吴澄撰写的《月令七十二候集解》中记载："九月节。露气寒冷，将凝结也。"

清代李光地等编写的《御定月令辑要》中说："《三礼义宗》：寒露者，九月之时，露气转寒，故谓之寒露。"

吴澄、李光地对"寒露"名称的来源做了介绍。

⊙ 寒露与物候

根据明代黄道周撰写的《月令明义》记载，寒露的物候：

鸿雁来宾，雀入大水为蛤，菊有黄华。

第一候，"鸿雁来宾"。

对于"鸿雁来宾"及下文，有两种断句方法：

其一，作"鸿雁来宾"。《礼记·月令》也作"鸿雁来宾"。意思是说，鸿雁从西北、北方来到南方过冬。一年往还如此，就像宾客一样。

其二，作"候雁来"。《吕氏春秋·季秋纪》《淮南子·时则训》作"候雁来"，"宾"字归下句。

《说文》中说："鸿，鸿鹄也。"大的叫"鸿"，小的叫"雁"。作为冬候鸟，秋季飞往南方越冬，春季飞往北方产卵育雏。

第二候，"雀入大水为蛤（gé）"。

这一句有两种断句方法：

其一，作"雀""爵"。《礼记·月令》作"爵入大水为蛤"。

其二，作"宾雀"。《吕氏春秋·季秋纪》《淮南子·时则训》作"宾雀入大水为蛤"。

这里需要解释三个问题：

①"爵""雀"用字不同。两个字的上古音，

同归于精纽药部，属于同音通假。"爵"为借字，"雀"为本字。

②"来宾""宾雀"的断句和解说不同。

东汉郑玄注："来宾，言其客止未去也。"意思是说，大雁就像做客一样，停留下来还没有离开。

东汉高诱的解释有两种。一说，《淮南子·时则训》高诱注中说："雁以仲秋先至者为主，后至者为宾。"同郑玄的说法相同。二说，《吕氏春秋·季秋纪》高诱注中说："宾爵者，老爵也。栖宿于人堂宇之间，有似宾客，故谓之宾爵。"可以知道，高诱自己并没有搞清"宾"字归上、归下的问题，遂造成千古疑案。

③"雀""蛤"互变问题。雀，就是麻雀。《说文》中说："雀，依人小鸟也。读与'爵'同。"蛤，《广韵》中说"合"韵："蚌蛤。"就是水中的蚌类，也叫蛤蜊。小的叫"蛤"，大的叫"蜃（shèn）"。

飞鸟麻"雀"，进入"大水（或'海''淮'）"变化为"蛤"，这是古人的误解。这个错误的说法，最早见于《大戴礼记·夏小正》，曰："九月，雀入于海为蜃。"以后的《礼记·月令》中说："爵入大水为蛤。"《吕氏春秋·季秋纪》也记载："宾雀入大水为蛤。"除此之外，还有《列子·天瑞》《国语·晋语九》《逸周书·时训解》等，这个错误的说法历代沿袭，没有得到纠正。

第三候，"菊有黄华"。意思是说，菊花开出黄花。

明代李时珍所撰《本草纲目·草部》第十五卷中说："菊花。[主治]：诸风头眩肿痛，目欲脱，泪出，皮肤死肌，恶风湿痹。久服利血气，轻身耐老延年。"可以知道，菊花具有很好的养生功效。

⊙ 寒露与民俗、节庆

寒露时节的民俗有赏菊、插茱萸。

金秋时分，菊花盛开，争奇斗艳。晋代诗人陶渊明以爱菊、赏菊闻名。在《饮酒》二"其五"诗中写道："采菊东篱下，悠然见南山。"在《九月闲居》中有："秋菊盈园。"《饮酒》二"其七"写道："秋菊有佳色。"《归去来兮辞》中说："三径就荒，松菊犹存。"唐代大诗人杜甫《云安九月》中赞美道："寒花开已尽，菊蕊独盈枝。"白居易在《咏菊》中说："耐寒唯有东篱菊，金粟初开晓更清。"菊花被赋予吉祥、长寿的含义。重阳节赏菊的习俗，流传至今。

插茱萸，也是寒露时节的重要习俗之一。茱萸生于山谷，气味香烈。古代把茱萸作为祭祀、配饰、药用、辟邪之物，形成插茱萸的风俗。晋代葛洪所辑的《西京杂记》卷三中记载：汉高祖刘邦的宠姬戚夫人，九月九日头插茱萸，饮菊花酒，食蓬饵，令人长寿。唐朝诗人王维在《九月九日忆山东兄弟》诗中写道："独在异乡为异客，每逢佳节倍思亲。遥知兄弟登高处，遍插茱萸少一人。"可以知道，重阳节期间插茱萸，是汉、唐时期老百姓喜爱的习俗。

寒露的节庆有重阳节。农历九月初九，二九相重，称为"重九"。"九"为《周易》的阳数，因此称为"重阳"。

重阳节的起源，较早见于南朝梁代学者吴均撰写的《续齐谐记》："汝南桓景，随费长房游学累年。长房谓曰：'九月九日汝家当有灾，宜急去。令家人各作绛囊，盛茱萸，以系臂，登高饮菊花酒，此祸可除。'景如言，齐家登山。夕还，见鸡犬牛羊，一时暴死。长房闻之曰：'此可代也。'今世人九日登高饮酒，妇人带茱萸囊，盖始于此。"由此可以知道，东汉时期，汝南一带发生了严重的瘟疫。费长房告诉桓景，让百姓登上高山，离开疫区，饮菊花酒、佩带茱萸囊，这些措施，就是为了避免受到瘟疫感染。

⊙ 寒露与农事、生态资源保护

寒露时节的农事活动和农谚有："大雁不过九月九，小燕不过三月三。"大雁、燕子是主要的物候标志。"九月九"，大雁开始从北往南，度过冬天。"三月三"，燕子从南方到达北方，度过夏天。"秋分早，霜降迟，寒露种麦正当时。秋分种蒜，寒露种麦。"寒露是种植冬小麦的最佳节气。"白露谷，寒露豆。寒露到，割晚稻；霜降到，割糯稻。寒露不摘烟，霜打甭怨天。寒露收山楂，霜降刨地瓜。寒露柿子红了皮。寒露天，捕成鱼，采藕芡。"寒露是秋收的大忙时节。豆类、晚稻、糯稻、烟叶、山楂、地瓜、柿子、鱼类、莲藕、芡实等，都要及时收获。

《淮南子·时则训》中说，在这个月里，命令主持政务的冢宰，在农事全部完毕之时，把五谷的收成全部记载在账簿中，并把天子畿内田赋收入藏入神仓。

在这个月的上旬丁日，开始进入学宫学习礼仪和音乐。

在这个月里，隆重祭祀五帝，用牺牲祭祀诸神；会盟诸侯；规定百县，准备明年诸事，以及诸侯向百姓取税，轻重多少之别，职贡大小之数，按照距离远近、土地质量收成情况作为标准。

可以知道，古代对于全年收成的状况、税收的多少等，都有明确的记载和规定，这是确保民生和资源合理使用的重要环节。古代特别重视一年一度的学习，内容有礼仪和音乐。古代的祭祀，是为了感谢五帝、诸神和天地的无私赐予，祈求国泰民安、丰衣足食。

⊙ 寒露美食与养生

寒露时节的饮食与养生习惯中，人们常喝"菊花酒"。

菊花酒是由菊花加糯米、酒曲酿制而成，古称"长寿酒"，它的味道清凉甘甜，有养肝、明目、健脑、延缓衰老等功效。我国酿制菊花酒的历史悠久。晋代葛洪所辑录的《西京杂记》卷三中说："菊花舒时，并采茎叶，杂黍米酿之，至来年九月九日始熟，就饮焉，故谓之菊花酒。"这里说菊花酒酿造需要一年的时间。元朝学者陶宗仪撰写的《说郛》卷六十九下中说："九月九日，采菊花与茯苓、松脂，久服之，令人不老。"菊花还可以和茯苓、松脂一起饮用。北宋学者苏颂等编撰的《图经本草》中就有关于"菊花酒"的具体记述："菊花秋八月合花收，暴干，切取三四斤，以生绢囊盛贮三大斗酒中，经七日服之，日三次，常令酒气相续为佳。"这里介绍了宋代菊花酒的制作及饮用。可以知道，菊花酒具有较好的养生功效。当今流行的有枸杞菊花酒、白菊花酒、鲜菊花酒等。

对于人类适应自然天气变化、协调天人关系、加强身体锻炼、保养肺部、防止受到伤害，《黄帝内经·素问·四气调神大论》中这样说："秋三月，早卧早起，与鸡俱兴；使志安宁，以缓秋刑；收敛神气，使秋气平；无外其志，使肺气清，此秋之应，养收之道也。逆之则伤肺。"意思是说，这个季节，应该早卧早起，和鸡一起兴起；使意志保持安定，用来舒缓秋天的形体；收敛起形神气志，使秋季肃杀之气得以平和；不让意志向外散发，让肺气清平；这是适应秋天的养生方法。背离这个方法，肺部就会受到伤害。

陈抟《二十四式坐功图》中记载："寒露九月节坐功：每日丑寅时，正坐，举两臂、踊身上托，左右各三五度。叩齿，吐纳，咽液。"

⊙寒露与文化

中唐时期苏州贫困诗人戴察唯一留在《全唐诗》中的，就是描写寒露的诗《月夜梧桐叶上见寒露》，其中前面六句是这样的：

> 萧疏桐叶上，月白露初团。
> 滴沥清光满，荧煌素彩寒。
> 风摇愁玉坠，枝动惜珠干。

这里的意思是，洁白的月亮，刚好露出团圆的模样，照在稀疏的梧桐叶上；滴落的露水，散发着清光，洒满了树叶；素朴的彩饰，闪烁着寒意；美玉样的露珠，担心风的摇动而坠落；枝条的摆动，可惜露珠就要干涸。

这是一个清冷而美妙的意境：圆月、桐叶、清光、素彩、风摇、枝动、寒意、露珠，独处的作者，是在思念、在体察、在沉吟，还是在感悟人生？

唐代诗人白居易的《池上》，描绘了秋天池塘的景色：

> 袅袅凉风动，凄凄寒露零。

兰衰花始白，荷破叶犹青。

独立栖沙鹤，双飞照水萤。

若为寥落境，仍值酒初醒。

意思是说，微微的凉风吹动着池水，凄冷的寒露凝结起来。兰草衰落花朵开始变白，荷叶破了茎还青着。沙鹤独自栖息水边，两只水萤齐飞，映照在水面上。

从一个小"池"，看到了寒露时节的秋色："凉风"吹着，"寒露"降落；"兰"花凋零，"荷"叶破败；"沙鹤"独栖，"水萤""双飞"，秋景未免冷清。但是，阴盛阳生，阴阳交替；周而复始，天道自然；天人和谐，顺应变化，又有什么孤寂"寥落"呢！

霜降

第二十一个节气

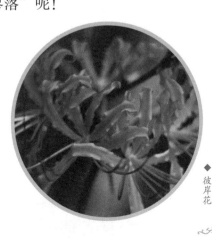

◆彼岸花

霜降，公历每年10月23日或24日，太阳到达黄经210°时开始。

《淮南子·天文训》记载：

> 加十五日指戌，则霜降，音比夷则。

意思是说，寒露增加十五日，北斗斗柄指向戌位，便是霜降，它与十二律中的夷则相对应。

《汉书·律历志下》中说："中房五度，霜降。于夏为九月，商为十月，周为十一月。"

《后汉书·律历下》中记载："九月，霜降。霜降，氐十四度，十二分退二。"

《周礼注疏》中说："九月，寒露节，霜降中。"就是说，寒露、霜降归于农历九月。

《周髀算经·二十四节气》中记载太阳日影的长度是："霜降，九尺五寸三分，小分二。"

元代吴澄撰写的《月令七十二候集解》中说："九月中。气肃而凝，露结为霜矣。"

清代李光地等撰《御定月令辑要》中说："《三礼义宗》：九月霜降为中露，变为霜，故以为霜降节。"

吴澄、李光地对"霜降"的名称做了解释。

⊙ 霜降与物候

根据明代黄道周撰写的《月令明义》记载，霜降的物候：

豺乃祭兽，草木黄落，蛰虫咸俯。

第一候，"豺乃祭兽"。意思是说，豺开始捕杀禽兽。

豺，长得像狗一样，尾巴长，黄棕色。豺性凶残。豺狼虎豹，"豺"居首位。《淮南子·时则训》高诱注："是月时，豺杀兽，四面陈之，世谓之祭兽。"《大戴礼记·夏小正》："十月，豺祭兽。"霜降时节，豺捕食肥美的野兽，吃不掉的就扔在一边。古人把这种行为，附会成动物也有祭祀的道德观念。

第二候，"草木黄落"。意思是说，草木枯萎败落。

第三候，"蛰虫咸俯"。本句的意思是，冬眠动物已经全部躲藏起来。世界上动物有哺乳、爬行、昆虫、鸟类等众多的种类，比如青蛙、蟾蜍、蛇、蚯蚓、熊、鳄鱼、刺猬、乌龟、松鼠、蝙蝠、蚂蚁、黄蜂、蜥蜴、蜗牛等，都开始冬眠。

⊙ 霜降与民俗

霜降时节民俗中有赏红叶。霜降前后，正是北方枫树、槭（qì）树、乌桕、黄栌、柿树等树叶变红的季节。

晚唐诗人杜牧的《山行》中写道："远上寒山石径斜，白云深处有人家。停车坐爱枫林晚，霜叶红于二月花。"秋天的红叶，像燃烧的火焰，漫山遍野，经霜一打，越发妖娆。游人穿行其间，红叶的芳菲，林间清新之气，欣喜之情油然而生。

元代著名元曲、元杂剧作家白朴的《天净沙·秋》，描绘了山村"落日"的景色，其中的"红叶"令人神往：

孤村落日残霞，
轻烟老树寒鸦，
一点飞鸿影下。
青山绿水，
白草红叶黄花。

一个萧瑟的小山村，笼罩在"落日残霞"之

下，家家飘着"轻烟"，"寒鸦"停留在"老树"上，天上一只"飞鸿"，这样的景观，显示了秋天的冷清而寂寞。但是，白朴笔锋一转，作了鲜明的对比：青青的山、碧绿的水、白色的草、红色的树叶、黄色的菊花，使这个偏远孤独的山村，被五色装点得绚丽多姿。

⊙ 霜降与农事、生态资源保护

霜降的农事和农谚有："霜后暖，雪后寒。"就是说"霜"融化要放热、"雪"融化要吸热。"霜降前，薯刨完。"收获山芋要赶在霜降以前。"时间到霜降，种麦就慌张。"这里说，种植冬小麦的最好时节在寒露，过了寒露再种麦，心里就慌了，因为要影响小麦生长和收成。"芒种黄豆夏至秧，想种好麦迎霜降。"这里确定了种植黄豆、插秧、种麦的最佳节气时段。"寒露种菜，霜降种麦。"寒露是种植越冬蔬菜的好时候。"霜降拔葱，不拔就空。霜降摘柿子，立冬打软枣。"霜降之前，要拔掉大葱、收获柿子。"霜降配羊清明羔，天气暖和有青草。"霜降是给"羊"配种的好时机，赶到清明前生下羊羔，正是春暖花开的时候。

《淮南子·时则训》中说：在这个月里，寒霜开始下降，各种工匠可以休息。命令主管官员说，寒冷之气一起就要到来，百姓忍受不了寒气侵袭，他们应该进入室内。在这个月里，草木枯黄败落，可以伐薪烧炭，冬眠动物已经全部躲藏。命令主管法律部门，申述严明法令，文武百官以及不分贵贱之人，没有不是忙着秋收的，来集中天地所出产的财物，不能有所散失。

可以知道，霜降时节的农事活动，第一是要全部收获农作物，不能散失。第二是工匠开始休息，保护好人力资源。第三是人群要全部进入室内，准备躲避寒冷的侵袭。第四是伐薪烧炭，迎接寒冬的到来。爱护资源、保护资源，这就是政事和农事活动的核心。

⊙ 霜降美食与养生

霜降的美食有柿子。柿子在我国有3000多年的栽培历史，华北的大盘柿，河北、山东的莲花柿、镜面柿，陕西泾阳、三原的鸡心黄柿，陕西富平的尖柿，浙江杭州古荡的方柿，是我国著名的六大名柿。

柿子含有丰富的糖类和维生素，包括胡萝卜

素、黄酮类、脂肪酸、酚类、多种氨基酸和微量元素，柿子还具有涩肠、润肺、止血、和胃的功能，还可以补虚、解酒、止咳、利肠、除热，具有很高的营养、药用和经济价值。

明代李时珍撰写的《本草纲目·果部》第三十卷中说："柿树四月开小花，黄白色。结实青绿色，八九月乃熟。"其中介绍"烘柿"时说："烘柿，非谓火烘也。即青绿之柿，收置器中，自然红熟如烘成，涩味尽去，其甘如蜜。［主治］通风鼻气，治肠澼（pì）不足。解酒毒，压胃间热，止口干，续经脉气。"经过加工制成不同的柿子品种，具有各自的治疗效果。

霜降节气之后，经过霜打的柿子，更是极佳的美味。

陈抟《二十四式坐功图》中记载："霜降九月中坐功：每日丑寅时，平坐，纾两手，攀两足，随用足间力，纵而复收五七度。叩齿，吐纳，咽液。"

⊙ 霜降与文化

东汉的大科学家张衡，研制成功了浑天仪、地动仪，为中国天文学、机械技术、地震学的理论和技术做出了重大贡献。他的天文学著作有《灵宪》《浑仪图注》等，数学专著有《算罔论》，文学作品有《二京赋》《归田赋》等。他在《定情赋》中写道：

> 大火流兮草虫鸣，繁霜降兮草木零。
> 秋为期兮时已征，思美人兮愁屏营。

"大火"，就是二十八宿中的"心宿"，又叫"商星""大辰"，六月、七月下行。

这四句的意思是说，"大火"西行哦，草虫鸣叫；浓霜降落哦，草木凋零。秋天定为佳期哦，时光已经验证；思念美人哦，忧愁心惊。

这里用"大火流""草虫鸣""繁霜降""草木零"等词组，非常准确地把霜降节气的天象、动物、气象、植物的情况，完整地描绘了出来。科学严谨而具有文采，显示了作为科学家的高度文学素养。

宋代文学家苏轼47岁之时，受到诬陷，贬谪黄州，担任团练副使，处在人生低谷。他在《南乡子·重九涵辉楼呈徐君猷》中写道：

霜降水痕收。

浅碧鳞鳞露远洲。

酒力渐消风力软，飕飕。

破帽多情却恋头。

佳节若为酬。

但把清尊断送秋。

万事到头都是梦，休休。

明日黄花蝶也愁。

意思是说，霜降节气，江边留下水退的痕迹。浅绿的江水，微波粼粼，露出远处的江心沙洲。酒力渐减消退，软软的凉风，"飕飕"寒意。破旧的帽子，却多情地依恋头部。

佳节饮酒，若是为了酬答，不必有忧，只用清酒送走秋色。世间万事，到头都是梦，"休休"成空。看到明日的菊花，蝴蝶也会发愁。

这一年重阳节期间，在涵辉楼宴席上，苏轼为黄州知州徐君猷写下了这首词。词中描写霜降时节的江畔景色有："水痕收"，指霜降节气，江水变浅；"浅碧粼粼"，写江水清澈，微波荡漾，宛如鱼鳞；"露远洲"，写登楼远眺，江洲隐现。描写节令、气象、物候的有"断送秋""黄花""蝴蝶""风力软""寒气嗖嗖"等。可以知道，这首词作，紧扣"重九"而展开，内容丰富、用词生动，展现出一副天高气清、明丽雄阔的美丽秋景。

二十四节气表（1）

节气	时间	日期（公历）	黄经度数	北斗指向	十二律	节庆	八风
冬至	十一月中	12月21日、22日	270°	子	黄钟81	元旦	寒风（北方）
小寒	十二月节	1月5日、6日	285°	癸	应钟42		
大寒	十二月中	1月20日、21日	300°	丑	无射45		
立春	正月节	2月4日、5日	315°	报德之维	南吕48	春节 元宵节	炎风（东北）
雨水	正月中	2月19日、20日	330°	寅	夷则51		
惊蛰	二月节	3月5日、6日	345°	甲	林钟54		
春分	二月中	3月20日、21日	0°	卯	蕤宾57		条风（东方）
清明	三月节	4月4日、5日	15°	乙	仲吕60	清明节	
谷雨	三月中	4月20日、21日	30°	辰	姑洗64		
立夏	四月节	5月5日、6日	45°	常羊之维	夹钟68		景风（东南）

249

续表

节气	时间	日期（公历）	黄经度数	北斗指向	十二律	节庆	八风
小满	四月中	5月21日、22日	60°	巳	大族72	端午节	
芒种	五月节	6月5日、6日	75°	丙	大吕76		
夏至	五月中	6月21日、22日	90°	午	黄钟		巨风（南方）
小暑	六月节	7月7日、8日	105°	丁	大吕		
大暑	六月中	7月22日、23日	120°	未	大族		
立秋	七月节	8月7日、8日	135°	背阳之维	夹钟		凉风（西南）
处暑	七月中	8月23日、24日	150°	申	姑洗		
白露	八月节	9月7日、8日	165°	庚	仲吕		
秋分	八月中	9月23日、24日	180°	酉	蕤宾	中秋节	飂风（西方）
寒露	九月节	10月8日、9日	195°	辛	林钟		

续表

节气	时间	日期（公历）	黄经度数	北斗指向	十二律	节庆	八风
霜降	九月中	10月23日、24日	210°	戌	夷则	重阳节	
立冬	十月节	11月7日、8日	225°	隔通之维	南吕		丽风（西北）
小雪	十月中	11月22日、23日	240°	亥	无射		
大雪	十一月节	12月7日、8日	255°	壬	应钟		

251

二十四节气表（2）

节气	二十八宿度数	八卦	物候	日晷
冬至	斗21°		蚯蚓结，麋角解，水泉动	丈三尺五寸
小寒	女20°	临	雁北乡，鹊始巢，雉始雊	丈二尺五寸，小分五
大寒	虚50°		鸡始乳，征鸟厉疾，水泽腹坚	丈一尺一分，小分四
立春	危10°	泰	东风解冻，蛰虫始振，鱼上冰	丈五寸二分，小分三
雨水	室8°		獭祭鱼，候雁北，草木萌动	九尺五寸二分，小分二
惊蛰	壁8°	大壮	桃始华，仓庚鸣，鹰化为鸠（误）	八尺五寸四分，小分一
春分	奎14°		玄鸟至，雷乃发声，始电	七尺五寸五分
清明	胃1°	夬	桐始华，田鼠化为鴽（误），虹始见	六尺五寸五分，小分五
谷雨	昴2°		萍始生，鸣鸠拂其羽，戴胜降于桑	五尺五寸六分，小分四
立夏	毕6°	乾	蝼蝈鸣，蚯蚓出，王瓜生	四尺五寸七分，小分三

续表

节气	二十八宿度数	八卦	物候	日晷
小满	参4°		苦菜秀，靡草死，麦秋至	三尺五寸八分，小分二
芒种	井10°	姤	螳螂生，鵙始鸣，反舌无声	二尺五寸九分，小分一
夏至	井25°		鹿角解，蝉始鸣，半夏生	一尺六寸
小暑	柳3°	遁	温风至，蟋蟀居壁，鹰乃学习	二尺五寸九分，小分一
大暑	星4°		腐草化为蚈（误），土润溽暑，大雨时行	三尺五寸八分，小分二
立秋	张12°	否	凉风至，白露降，寒蝉鸣	四尺五寸七分，小分三
处暑	翼9°		鹰祭鸟，天地始肃，禾乃登	五尺五寸六分，小分四
白露	轸6°	观	候鸟来，玄鸟归，群鸟养羞	六尺五寸五分，小分五
秋分	角4°		雷始收声，蛰虫坏户，水始涸	七尺五寸四分
寒露	亢8°	剥	候雁来，宾雀如大水为蛤（误），菊有黄华	八尺五寸四分，小分一

续表

节气	二十八宿度数	八卦	物候	日晷
霜降	氐14°		豺祭兽，草木黄落，蛰虫咸俯	九尺五寸三分、小分二
立冬	尾4°	坤	水始冰，地始冻，雉入大水为蜃（误）	五寸二分、小分三
小雪	箕1°		虹藏不见，天气上升，地气下降，闭塞成冬	一尺五寸一分、小分四
大雪	斗6°	复	鹖旦不鸣，虎始交，荔挺出	二尺五寸、小分五

用二十四节气的气候变化规律指导农业生产与四季养生

——读陈广忠先生的《二十四节气——创立与传承》

泰极先生

《易经》"观乎天文，以察时变；观乎人文，以化成天下"。意思就是说，观察天地运行的规律，以认知时节的变化。中国是世界上最早进入农耕生活的国家之一，农业生产要求有准确的农事季节，所以人们自然要十分精勤地观测天象。中国是世界上产生天文学最早的国家之一，远在5000多年前，中国就有了"阴阳历"，每年366天。商代（前1600—公元前1046年）时期，已有专门的官员负责天文历法，当时采用的是"阴阳合历"，将闰月放在岁末，称为十三月。西周（前1046—公元前771年）时期，天文学家用圭表测量日影，确定冬至、夏至和主要节气，来指导农牧业生产。西汉（前206—公元25年），汉武帝时，命令官员在古历的基础上重新制定了新的历法——"太初历"（前104年）成书，沿用200余年。东汉（公元25—公元220年）初年，国家又制定了"四分历"。魏晋南北朝（公元220—公元581年）时期，祖冲之制定"大明历"，首次将岁差计算入内，每年365.2428天，与现在的精确测量值仅相差52秒。

通过对北斗斗柄指向研究确定春夏秋冬季节。相传夏代历书《夏小正》载正月斗柄悬在下，六月初昏斗柄正在上。由此可知，早在夏代时就用北斗星的指向确定正月和六月。相传作于战国时代的《鹖冠子·环流》也说："斗柄东指，天下皆春；斗柄南指，天下皆夏；斗柄西指，天下皆秋；斗柄北指，天下皆冬。"西汉初年的《淮南子·天文训》则说："帝张四维，运之以斗，月徙一辰，复反其所。正指寅，十二月指丑，一岁而匝，终而复始。"可见西汉初年已经将北斗定季节的方法，发展到以斗柄指向寅卯等十二方位，确定正月、二月等十二个月了。《史记·天官书》则总结说："斗为帝车，运于中央，临制四乡。分阴阳，建四时，均五行，移节度，定诸纪，皆系于斗。"这是说天帝坐在由北斗组成的马车上巡行四方，行一周就是一年，并由此区分出一年中的阴阳两个半年，分判出四季和五个时节，节气和太阳的行度也由此可以确定。古人把天象的变化和农业兴衰紧密联系在一起，以太阳出没和月亮盈亏的周期定出日月，如昼夜交替为一日，月相变化一轮为一月。以朔望月为单位的历法是阴历，以太阳年为单位的历法是阳历。中国古代的历法不是纯阴历，而是阴阳合历。一年有春夏秋冬四季。《淮南子·天文训》在原有成果基础上，第一次系统完整地提出了属于阴阳合历的二十四节气，这是中国古代人民的一项伟大发明创造，对我国以农为主的农耕国家的农业生产兴旺与连续，起到了重大作用。2016年11月30日，联合国教科文组织把中国申报的"二十四节气"列为"代表作名录"。

　　在古代，历法是人民生存的指南，农田的耕种、收获都要依照历法行事，顺天应时，按照季节变化来从事农业生产，以求五谷丰登。四季循环，就是一个生产周期。春播夏种秋收冬藏，农民懂得农作物因季节节令变化收成有多有少，更懂得精耕细作与粗放劳动之间的收入差别。江淮地区有个农业谚语诗歌总结：立春天气暖，雨水粪送完；惊蛰多栽树，春风犁不闲；清明点瓜豆，谷雨要种棉……农业生产的季节性很强，谁都不敢耽误农业收种季节，上到天子，下到百姓，都强调不失农时、不违农时、不误农事，国家颁布月令、历书，强调遵守节气。为了农业丰收，人们勤于观察天象，预测气象与水旱。一些天象的变化常常被看作是水旱、饥馑、疾疫、盗贼等自然及社会现象的预兆。在农业生产兴衰预测中，古人特别看重岁星即木星。《史记·天官书》中提到的摄提、重华、应星、纪星等，都是岁星的别名。古人认为，在每十二年中，有大丰年两年、丰年四年、饥年四年、旱年一年、大旱年一年。《淮南子·天文训》中记载道："岁星之所居，五谷丰昌。其对为冲，岁乃有殃……故三岁而一饥，六岁而一衰，十二岁而一康。"岁星正常运行到某某星宿，则地上与之相配的州国就会五谷丰登，而荧惑运行到某一星宿，这个地区就会有灾祸等。《史记·天官书》说："以摄提格岁：岁阴左行在寅，岁星右转居丑。正月，与斗、牵牛晨出东方，名曰监德。色苍苍有光。其失次，有应见柳。岁早，水；晚，旱。单阏岁：岁阴在卯，星居子。以二月与婺女、虚、危晨出，曰降入。大有光。其失次，有应见张。其岁大水。执徐岁：岁阴在辰，星居亥。以三月与营室、东壁晨出，曰青章。青青甚章。其失次，有应见轸。岁早，旱；晚，水。"又曰："汉魏鲜集腊明正月旦决八风。风从南方来，大旱；西南，小旱；西方，有兵；西北，戎菽为，小雨，趣兵；北方，为中岁；东北，为上岁；东方，大水；东南，民有疾疫，岁恶。故八风各与其冲对，课多者为胜。"这些话都带有判断年成的意思。《史记·天官书》还认为：大凡测候年岁的丰歉美恶，最重岁始。岁始，或指冬至节，或指腊祭的第二天，或指正月初一的黎明，或指立春节，这些都是候岁的重要日子。

陈广忠先生是安徽大学文学院教授，是研究《淮南子》的权威专家、大家，从事古代文学、汉语史、音韵学、古典文献学、诗词格律等课程的教研工作，研究《淮南子》40年。这本《二十四节气——创立与传承》一书，阐述了二十四节气的漫漫形成与创立的历史过程，对二十四节气的科学依据，对二十四节气的二"至"、二"分"、四"立"，小、大"雪"，小、大"寒"，小、大"暑"，雨水、惊蛰，清明、谷雨，小满、芒种，处暑、白露，寒露、霜降都做了详细的论述，还附有二十四节气表，可以说全书阐述了二十四节气的天象、气候特点与要求，对二十四节气的变化规律论述丰富而深刻，科学性、权威性、指导性极强，对于我们今天发展现代农业生产、搞好生活、修养身心等，都具有十分重要的指导意义。

二十四节气对防病养生，也具有十分重要的指导作用。《文言传》曰："夫大人者，与天地合其德，与日月合其明，与四时合其序，与鬼神合其凶吉。先天而天弗违，后天而奉天时。"从人与自然的合契参同，到人与社会的和谐发展，二十四节气培育了中国人尊重自然规律和生命节律的世界观。古人称五天为"微"，称十五天为"著"，而在节气上称五天为一"候"，十五天为一"节"，见微知著、观候知节，是中华民族先民们守处节气、立身处世、安身立命的遵守与参照。二十四节气实际上是"时序化的生命韵律""生命的历程"。节气蕴藏在一年四季中，二十四节气的气候特点与谨守，与中医养生所强调的顺应四时、顺时养生理念相统一。中医认为，人与自然是天人相应、天人合一的整体，人们肌体的变化、疾病的产生与二十四节气紧密相连，可以说，节气的更替变化影响着人类脏腑功能活动、气血运行、肌体变化等，与人体健康息息相关。《黄帝内经》认为，人体脏腑、气血会随节气变化出现周期性盛衰；一年中节气更迭，人体阳气也随之有升、浮、沉、降节律，脉搏有春浮、夏洪、秋弦、冬沉等规律。不仅如此，《黄帝内经》还从人体的脏象、经气、舌象、脉象等多方面，描述人体随节气变更而产生的生理性改变。《黄帝内经·六节藏象论》就说："五日谓之候，三候谓之气，六气谓之时，四时谓之岁，而各从其主治焉。五运相袭而皆治之，终期之日，周而复始，时立气布，如环无端，候亦同法。故曰不知年之所加，气之盛衰，虚实之所起，不可以为工矣。""五运之始，如环无端，其太过不及如何？岐伯曰：五气更立，各有所胜，盛虚之变，此其常也。"《黄帝内经·灵枢》说："智者之养生也，必顺四时而适寒暑，和喜怒而安居，节阴阳而调刚柔。"这种顺应四时、阴阳结合的养生理论，体现了节气的深层内涵。

为了遵守四时节气养生要求，《四气调神大论》中专门就春夏秋冬四个季节的养生提出要求，要顺时守时，而不能逆时，曰："春三月，此为发陈。天地俱生，万物以荣，夜卧早起，广步于庭，被发缓形，以使志生，生而勿杀，予而勿夺，赏而勿罚，此春气之应，养生之道也；逆之则伤肝，夏为寒变，奉长者少。夏三月，此为蕃秀。天地气交，万物华实，夜卧早起，无厌于日，使志勿怒，使华英成秀，使气得泄，若所爱在外，此夏气之应，养长之道也；逆之则伤心，秋为痎疟，奉收者少，冬至重病。秋三月，此谓容平。天气以急，地气以明，早卧早起，与鸡俱兴，使志安宁，以缓秋刑，收敛神气，使秋气平，无外其志，使肺气清，此秋气之应，养收之道也；逆之则伤肺，冬为飧泄，奉藏者少。冬三月，此为闭藏。水冰地坼，勿扰乎阳，早卧晚起，必待日光，使志若伏若匿，若有私意，若已有得，去寒就温，无泄皮肤，使气极夺。此冬气之应，养藏之道也；逆之则伤肾，春为痿厥，奉生者少。""恶气不发，风雨不节，白露不下，则菀不荣。贼风数至，暴雨数起，天地四时不相保，与道相失，则未央绝灭。""逆春气则少阳不生，肝气内变。逆夏气则太阳不长，心气内洞。逆秋气则太阴不收，肺气焦满。逆冬气则少阴不藏，肾气独沉。""夫四时阴阳者，万物之根本也。所以圣人春夏养阳，秋冬养阴，以从其根；故与万物沉浮于生长之门。逆其根则伐其本，坏其真矣。故阴阳四时者，万物之终始也；生死之本也；逆之则灾害生，从之则苛疾不起，是谓得道。"这些说的都是四季的养生要求，就是在一天里，也分为四时：早晨为春，上午与中午为夏，下午及傍晚为秋，夜里为冬，人体的经络与气血等在一天中的变化也与四季变化一样。

　　人与天地相参，与日月相应。顺天应时是养生文化的精髓，根据节令变化规律，调整人体节律，可起到事半功倍的养生效果。春季正处于冰雪消融、万物复苏之际，自然界阳气初生逐渐转旺，人体的气血从里往外走，把人的气血向外调动的是肝，所以春天护肝尤要；夏季气候炎热，阳气旺盛，人体气血在外，肌体内的阳气不足，心脏消耗的能量大，所以夏季以护心为主；长夏季节，天多雨水，气候湿热，人体内的湿气旺盛，要靠脾脏来去水，所以长夏主要以健脾除湿为主；秋季秋高气爽，燥气当令，阳气减退，阴气渐长，人的气血往里收敛，这就容易引起秋燥，所以秋季当调养肺气；冬季天寒地冻，草木凋零，生机潜伏，人体阳气潜藏于内，新陈代谢水平较低，需要靠肾来过滤，增加了肾脏的负担，所以保肾成了冬季的必修课。

　　总之，二十四节气与人的生命、脏腑气血、经络畅通、疾病产生的节律等有着密切的关系，我们要顺天应时，搞好养生，就当懂得二十四节气的变化发展回归的规律。陈先生的这本书，对于我们正确认识掌握二十四节气的变化发展规律，科学地利用二十四节气的时令、节气，对搞好养生和生活，具有十分重要的指导意义。我学习研究的兴趣点在《黄帝内经》及有关医学经典上，对天文天象、《淮南子》及二十四节气的学习研究不深，荣幸的是陈教授让我先睹为快，我读后感觉非常好，就写了一点读后感受，权当为跋，且容我以后奋力再读再写吧。